“十二五”国家重大科技支撑计划项目资助(2013BAB05B01-3)

基于物联网的时空连续多元信息获取布局技术研究

李　喆　谭德宝　王腊春　曾春芬　等编著

东南大学出版社
SOUTHEAST UNIVERSITY PRESS
·南京·

内容提要

数字流域作为水利信息化的一大发展前沿，已经受到了国内外学术界的广泛关注。数字流域建设需要解决的首要问题是流域信息获取技术。

本书基于物联网的时空连续多元信息获取途径的基础上，综合使用空中、陆地、水下等不同来源信息，实现固定式与移动式相结合的信息获取技术，充分使用卫星遥感技术或新增最小量的地面监测站网，建立基于物联网的时空多元信息获取的一体化布局，试图最大化地获取满足精度要求的流域动态信息。在现有公众通讯网络条件下，充分使用物联网动态组网技术，构建基于物联网的时空多元信息传输体系，最大化地提高数字流域时空多元信息传输效率。

本书可为从事数字流域、水利信息化、水文水资源、防洪抗旱减灾、水利工程建设管理等方面的管理或技术人员参考使用。

图书在版编目(CIP)数据

基于物联网的时空连续多元信息获取布局技术研究/李喆等编著．—南京：东南大学出版社，2017.4

ISBN 978-7-5641-6884-1

Ⅰ.①基… Ⅱ.①李… Ⅲ.①互联网络-应用-水利工程-研究 ②智能技术-应用-水利工程-研究 Ⅳ.①TV-39

中国版本图书馆CIP数据核字(2016)第296788号

书　　名：基于物联网的时空连续多元信息获取布局技术研究

编 著 者：李喆　谭德宝　王腊春　曾春芬　等

责任编辑：宋华莉

编辑邮箱：52145104@qq.com

出版发行：东南大学出版社

出 版 人：江建中

社　　址：南京市四牌楼2号(210096)

网　　址：http://www.seupress.com

印　　刷：江苏凤凰数码印务有限公司

开　　本：700 mm×1 000 mm　1/16　印张：11.75　字数：226千字

版 印 次：2017年4月第1版　2017年4月第1次印刷

书　　号：ISBN 978-7-5641-6884-1

定　　价：48.00元

经　　销：全国各地新华书店

发行热线：025-83790519　83791830

前　言

数字流域是流域信息化管理的重要内容之一，也是数字地球的基础。在数字流域建设过程中，需要采集流域控制节点上的关键信息。为了快速地采集这些信息，最有效的途径是在这些流域制节点上安装、部署信息采集装置，构建流域监测网。

数字流域信息获取要素包括降水、蒸发、径流、土壤墒情等自然水循环和取水、输水、用水、耗水、排水等社会水循环过程及其衍生的各种涉水过程。在考虑流域自然特征和社会特征的条件下，如何构建具有稳定可靠、及时有效、合理优化的感知多种状态下流域时空连续多元信息获取优化布局模式是本研究的一大难点。本书在分析基于物联网的时空连续多元信息获取途径的基础上，建立基于物联网的时空多元信息获取的一体化布局，构建基于物联网的时空多元信息传输体系。研究从雅砻江流域概况、河流水系、水电梯级开发规划和监测站网分布现状出发，采用容许最稀疏站网密度理论，在综合考虑下垫面地形地貌特征和植被特征的雅砻江流域水文分区的基础上，初步形成了雅砻江流域水文测站和雨量测站的新增布局方案。

全书内容共分为 6 章：第 1 章简要阐述了数字流域的研究背景、物联网技术的国内外研究进展以及物联网技术在水资源方面的应用研究。第 2 章讲述了基于物联网的时空连续多元信息获取优化布局技术的研究进展以及技术体系框架与技术路线。第 3 章主要讲述了基于物联网的时空连续多元信息获取途径分析，包括了空中、地面和水下三种获取技术，并对清江流域梯级水库温室气体立体监测进行了研究。第 4 章是基于物联网的时空多元信息获取一体化布局的陆地和水下优化方法进行了研究，其中水下优化方法提出了基于遗传算法的河流局域监测无线传感器节点分布优化方法和基于遗传算法多目标优化的流域监测传感器覆盖网优化方法，提出了雅砻江流域监测站网优化布局初步方案。第 5 章主要讲述了基于物联网的时空连续多元信息传输体系框架和水质多参数传感器监测传输系统研制。第 6 章对本书研究内容进行了总结和展望。

本书由李喆、谭德宝、王腊春提出写作大纲，李喆、谭德宝、王腊春、曾春芬、张静超、马小雪等参加书稿的写作和统稿，最后由李喆、谭德宝、王腊春、曾春芬定稿。

本书虽然做了大量的研究工作，尽管数次向多位学者请教，集思广益，但由于本书涉及众多学科领域，加之研究深度、广度和作者水平有限，书中难免有不当或错误之处，欢迎广大读者不吝雅正。

目录

第1章 绪论

1.1 研究背景与意义

2011年中央1号文件明确指出“人多水少、水资源时空分布不均”是我国的基本国情水情。洪涝灾害仍然是中华民族的心腹大患，水资源供需矛盾突出仍然是可持续发展的主要瓶颈，而且随着工业化、城镇化进程加快，全球气候变化影响加大，我国水利面临的形势更趋严峻，增强防灾减灾能力要求越来越迫切，强化水资源节约保护工作越来越繁重，明确要求“健全水利科技创新体系，强化基础条件平台建设，加强基础研究和技术研发，力争在水利重点领域、关键环节和核心技术上实现新突破，获得一批具有重大实用价值的研究成果，加大技术引进和推广应用力度，提高水利技术装备水平，建立健全水利行业技术标准，推进水利信息化建设，全面实施‘金水工程’，加快建设国家防汛抗旱指挥系统和水资源管理信息系统，提高水资源调控、水利管理和工程运行的信息化水平，以水利信息化带动水利现代化”。数字流域作为水利信息化学科的发展前沿，有必要对其关键技术深入研究。

联合国教科文组织(UNESCO)、国际科学联盟理事会(ICSU)和世界气象组织(WMO)等国际组织，自20世纪70年代以来在世界范围内实施了一系列国际水信息计划，如国际水文计划(IHP)、世界气候研究计划(WCRP)、国际地圈生物圈计划(IGBP)等，其目的是探寻在自然和人类活动综合作用下，不同尺度上(全球、区域、流域等)水循环的演变规律及其相关的资源、环境和社会经济问题，以及科学管水和高效用水的途径(夏军，2003)。面对严峻的水资源供需形势，我国政府长期将水循环与水资源作为资源环境领域的重大研究方向。在基础理论层面上，“九五”期间有“黄河流域水资源演化规律与可再生性维持机理”“首都北京及周边地区大气、水、土环境污染机理与调控原理”等；“十五”期间有“长江流域水沙产输及其与环境变化耦合机理”“东北老工业基地环境污染形成机理与生态修复研究”

“西北旱区农业和生态节水灌溉理论”等；“十一五”期间又将水资源与生态水文过程作为重点方向，同时还在“环境质量演变与污染控制”重点方向中设立“重点流域水环境演变规律、修复与污染控制”专项。在应用技术层面上，“六五”到“八五”主要针对华北水资源短缺问题进行专项研究，分别提出了水资源评价方法、自然状态下流域“四水”转化规律以及基于宏观经济的水资源优化配置理论与方法；“九五”攻关则瞄准西北地区水资源可持续利用和生态环境保护问题，以水为纽带研究水资源、国民经济、生态环境之间相互依存关系，在面向生态的水资源合理配置和水资源承载能力研究方面取得突破；“十五”科技攻关项目“水安全保障关键技术研究”中，针对分流域生态需水标准、水资源调配、海水利用技术，污水利用途径、洪水利用途径以及人工降雨技术等方面开展成套技术攻关（程学军，2011）。在政策研究层面上，开展了全国和区域的水战略研究，代表性的项目有中国工程院组织完成的重大咨询“中国可持续发展水资源战略研究”和“西部地区水资源配置、生态环境建设和可持续发展战略研究”，提出了“节水为先、治污为本、多渠道开源”和“建立高效节水防污社会”的水安全战略。在具体实践探索方面，水利部也围绕节水型社会建设，在体制和机制方面开展了大量研究。

美国“河流水情预报系统”可把水文气象数据实时地传送到预报中心进行储存、处理，分析形成完善的数据信息系统，不仅提供 1～5 天的短期洪水预报，而且提供中长期（旬、月、季节）的水情概率预报，不仅能够用于防洪减灾，而且能够服务于水资源的管理。在河流水情预报中使用的气象预报软件包，可以预报降雨量、降雨类型、风、气温等，其中包括：12 小时的“快捷更新循环模型”（RUC）、预报期长达 60 小时的 ETA 模型、预报期超过 10 天的中期模型（MRF）等。美国国家气象局的 13 个河流水情预报中心使用 6 个不同的降雨—径流模型，应用最广泛的是萨克门托模型（Sacramento）和前期降雨指数模型（API）。如：密西西比下游水情预报中心使用萨克门托模型，其上游的密苏里水情预报中心使用前期降雨指数模型。密西西比下游水情预报中心使用一维不稳定水流水动力模型（Dwoper）进行河流水位、流量演算，通过对美国地质调查局、气象局及各个流域内使用的主要应用软件分析，现代流域管理软件包括以下应用系统：6 个流域模型、4 个洪水频率模拟模型、3 个水文干旱/洪水频率计算模型、15 个水利计算模型、6 个物质输移模型及相关的模型、4 个间接测量模型、4 个泥沙计算模型及相关的冲刷、生物模型，种类繁多，内容广泛，涉及各个方面的应用。2001 年 7 月，黄河水利委员会提出“数字黄河”规划，重点建设“数字黄河”工程，主要由基础设施、应用服务平台和应用系统所构成，通过防汛减灾、水量调度、水资源保护、水土保持、工程管理和电子政务六大应用系统的建设，全面带动“数字黄河”战略实施。

物联网是通过射频识别（RFID）、红外感应器、全球定位系统、激光扫描器等信息传感设备,按约定的协议,将任何物品与互联网相连接,进行信息交换和通信,以实现智能化识别、定位、追踪、监控和管理的一种网络技术(陈桂香,2010)。物联网将无处不在(Ubiquitous)的末端设备(Devices)和设施(Facilities),包括具备"内在智能"的传感器、移动终端、工业系统、数控系统、家庭智能设施、视频监控系统等和"外在使能"(Enable)的,如贴上RFID的各种资产(Assets)、携带无线终端的个人与车辆等"智能化物件或动物"或"智能尘埃"(Mote),通过各种无线和/或有线的长距离和/或短距离通信网络实现互联互通(M2M)、应用大集成(Grand Integration),以及基于云计算的SaaS营运等模式,在内网(Intranet)、专网(Extranet)和互联网(Internet)环境下,采用适当的信息安全保障机制,提供安全可控乃至个性化的实时在线监测、定位追溯、报警联动、调度指挥、预案管理、远程控制、安全防范、远程维保、在线升级、统计报表、决策支持、领导桌面(集中展示的Cockpit Dashboard)等管理和服务功能,实现对"万物"的"高效、节能、安全、环保"的"管、控、营"一体化。

"基于物联网的流域信息获取技术"重点解决数字流域建设需要获取什么样的信息指标,这些信息指标如何进行组织,如何综合运用多种手段获取这些信息,信息获取之后如何进行高效及有机处理,如何从海量信息中挖掘数字流域业务所需的信息,以及如何提供相应的信息获取平台等。

本书从物联网的时空连续多元信息获取途径分析出发,建立基于物联网的时空多元信息获取的一体化布局,构建基于物联网的时空多元信息传输体系,是数字流域信息获取技术拟解决的关键性技术问题。

1.2 物联网技术研究

1.2.1 国内外物联网研究进展

物联网被看做信息领域一次重大的发展和变革机遇。欧盟委员会认为,物联网的发展应用将在未来5～15年中为解决现代社会问题带来极大贡献。2009年以来,一些发达国家纷纷出台物联网发展计划,进行相关技术和产业的前瞻布局,我国也将物联网作为战略性的新兴产业予以重点关注和推进。整体而言,目前无论国内还是国外,物联网的研究和开发都还处于起步阶段。

1991年美国麻省理工学院(MIT)的Kevin Ash-ton教授首次提出物联网的概念。1995年比尔·盖茨在《未来之路》一书中也曾提及物联网,但未引起广泛重视。1999年美国麻省理工学院建立了"自动识别(Auto-ID)中心",提出"万物皆可通过网络互联”，阐明了物联网的基本含义。早期的物联网是依托射频识别(RFID)技术的物流网络，随着技术和应用的发展，物联网的内涵已经发生了较大变化(陈桂香，2010)。

2004年日本总务省(MIC)提出u-Japan计划，该战略力求实现人与人、物与物、人与物之间的连接，希望将日本建设成一个随时、随地、任何物体、任何人均可连接的泛在网络社会(朱洪波，2011)。

2005年，在突尼斯举行的信息社会世界峰会(WSIS)上，国际电信联盟(ITU)发布《ITU互联网报告2005：物联网》，引用了“物联网”的概念(彭鹏，2012)。物联网的定义和范围已经发生了变化，覆盖范围有了较大的拓展，不再只是指基于RFID技术的物联网。报告指出：我们无所不在的物联网通信时代即将来临，世界上所有物体包括轮胎、牙刷、房屋以及每一本书，甚至是每一张纸巾都可以通过互联网来交换相应的信息，并将物联网定义为，通过将短距离的移动收发器内嵌到各种日常用品中，使得人与人、人与物、物与物之间在任何时间任何地点都可以实现交互。

2006年韩国确立了u-Korea计划，该计划旨在建立无所不在的社会(Ubiquitous Society)，在民众的生活环境里建设智能型网络(如IPv6、BcN、USN)和各种新型应用(如DMB、Telematics、RFID)，让民众可以随时随地享有科技智慧服务。2009年韩国通信委员会出台了《物联网基础设施构建基本规划》，将物联网确定为新增长动力，提出到2012年实现“通过构建世界最先进的物联网基础实施，打造未来广播通信融合领域超一流信息通信技术强国”的目标，并确定了构建物联网基础设施、发展物联网服务、研发物联网技术、营造物联网扩散环境等4大领域、12项详细课题(王亚唯，2010)。

2009年欧盟执委会发表了欧洲物联网行动计划，描绘了物联网技术的应用前景，提出欧盟政府要加强对物联网的管理，促进物联网的发展。欧洲智能系统集成技术平台(EPoSS)在*Internet of Things in 2020*报告中分析预测，未来物联网的发展将经历四个阶段，2010年之前RFID被广泛应用于物流、零售和制药领域，2010—2015年物体互联，2015—2020年物体进入半智能化，2020年之后物体进入全智能化。就目前而言，许多物联网相关技术仍在开发测试阶段，这与离不同系统之间融合、物与物之间的普遍链接的远期目标还存在一定差距(王亚唯，2010)。

2009年1月，奥巴马就任美国总统后，在与美国工商业领袖举行的一次圆桌会议上，IBM的首席执行官彭明盛提出“智慧地球”的概念，对物联网这样描述：运用新一代的IT技术，将传感器嵌入或装备到全球的电网、铁路、公路、桥梁、建筑、供水系统等各种系统中，通过互联形成“物联网”，并通过超级计算机和云计算技术，对海量的数据和信息进行分析处理，实施智能化的控制和管理，以此形成一个感知并控制世界的物联网(王亚唯,2010)。

2009年7月,日本IT战略本部颁布了日本新一代的信息化战略——"i-Japan"战略,为了让数字信息技术融入每一个角落,首先将政策目标聚焦在三大公共事业:电子化政府治理、医疗健康信息服务、教育与人才培育,提出到2015年,透过数位技术达到"新的行政改革",使行政流程简化、效率化、标准化、透明化,同时推动电子病历、远程医疗、远程教育等应用的发展(陈桂香,2010)。

2009年11月,温家宝总理在人民大会堂向首都科技界发表了题为"让科技引领中国可持续发展"的讲话,首度提出发展包括新能源、新材料、生命科学、生命医药、信息网络、海洋工程、地质勘探等七大战略新兴产业的目标,并将"物联网"并入信息网络发展的重要内容,并强调信息网络产业是世界经济复苏的重要驱动力。

2013年中国互联网大会上,邬贺铨提出目前物联网的概念已经开始向智能化延伸。目前国内所谓的"物联网企业"大部分仅仅是加了一个简单的传感器,本质上依然只是信息技术产业,并没有体现物联网的真正技术所在。要体现物联网的价值,就必须提升到数据挖掘和智能分析这个高度上。

2014年2月,中共中央政治局委员、国务院副总理马凯在北京出席全国物联网工作电视电话会议并讲话。他提出要在工业、农业、节能环保、商贸流通、能源交通、社会事业、城市管理、安全生产等领域,开展物联网应用示范和规模化应用;统筹推动物联网整个产业链协调发展,形成上下游联动、共同促进的良好格局;抢抓机遇,应对挑战,以更大决心、更有效措施,扎实推进物联网有序健康发展,努力打造具有国际竞争力的物联网产业体系,为促进经济社会发展做出积极贡献。

物联网的理想是"物物相连"。然而,"物物相连"要付出以下代价:节点软硬件投资、网络通信、节点能耗、维护与管理。因此,如何采用集约的方式设计和部署物联网节点,并采用合理的物联网运作模式,是物联网推广应用的一个重要决策问题。可见,物联网的本质并不是一种单一技术,而是将传感器、芯片、软件、互联网、移动通信、高端应用集成等领域的技术整合而成的新一代IT产业技术主导设计标准(李遵白等,2011)。

1.2.2 水文站网的布局和优化的方法研究

流域内水文站网布局和优化是水文学中最复杂而重要的问题之一,涉及许多学科和领域,比如地形地貌、水文循环要素、社会经济分析、概率论、抽样理论、模糊数学等(吴宏旭,2004)。

据史载,中国在秦代就有全国各郡县向中央报雨的制度,说明当时对雨情已普遍重视。至明代,沿黄河已有观察、传递水情的制度。至1937年,有水文站403处(缺台湾省数字,下同),其后大部分被破坏。中华人民共和国成立后,1956年进行了第一次全国水文站网规划。除边缘地区外，于 1959 年基本完成。1965 年、1978 年对站网作过两次较大范围的资料分析验证，站网陆续有所发展和调整（刘丹，2014）。1984 年底止，基本站网中有水文站 3 396 处，水位站 1 425 处，雨量站 16 734 处，实验站 63 处，地下水观测井 12 134 处，水质站 1 752 处，还有大量的水库、渠道专用站和乡镇专用雨量站。2000 年，全国水文部门共有基本水文站（流量站）3 124 处（含其他部门管理的水文站 244 处），水位站 1 093 处，雨量站 14 242 处，水质站 2 861 处，地下水监测站 11 768 处，向县级以上部门拍报水情站 7 559 处。与 1998 年、1999 年相比，基本水文站减少了 533 处，主要原因：一是以前部分省、自治区统计的资料将水文部门专用水文站也列入其中，这与统计要求不符；二是一些省、自治区误将流域机构水文部门管理的水文站作为其他部门（指非水文部门）管理的水文站统计在内，造成重复统计并使其他部门基本水文站数量偏大（2001）。2000 年各类水文站网在保持稳定发展的同时，逐步进行了优化调整，雨量站、水质站、地下水监测站点有所增加。20 世纪 50 年代之前，在水文信息极度缺乏的情况下，任何资料收集系统获取的水文信息都是有价值的。然而随着经济社会的发展和对水资源开发利用的压力增大，水文站网规划设计在全球范围内都得到了重视（陈颖，2013）。

水文站网提供流量、水位和水质等数据信息的精确程度直接影响相关的各种水文工作和研究的开展。水文站网评价及优化的主要目的是确定站点的最优数量和最佳位置以及合理的空间布局。近几十年，国外很多从事于水资源领域研究的专家学者投身水文站网等观测网的空间布局优化设计研究，而国内在该领域的涉足则相对较少。从前人的研究成果看，已经有不同学科的理论和方法在站网优化和评价中得到应用，这些方法的适用目标和优化标准则各不相同（陈颖，2013）。

20 世纪 70 年代末，数理统计学理论方法是使用得较早的优化方法。这种方法优化水文站网的思想是利用数理统计方法对样本的统计特征值（极大值、极小值、平均值、中值、方差等）进行分析，研究样本的数理与估计精度和可靠度的关系，确定满足一定精度要求的样本数量来约减水文站点的数量。然而利用数理统计学方法进行站网优化主要面临的困难有两方面：一方面是研究者需对水资源系统结构有充足的认识，第二方面是由于原理方法的限制，统计分析技术的选择和样本数量都将对数据分析的结论产生较大影响，并且该方法只能通过估计精度与样本数量之间的关系来确定站点的数量，达不到对站点空间布局优化的目的（陈颖，2013）。

1965 年 Gandin 提出了最优内插法，用于确定一个水文站网观测站点的最小空间密度，使站点间的线性内插值具有预定的精度。其理论基础是用实测的水文过程空间相关结构来推导出一个确定最优权重的关系式，将这个最优权重用于实测资料，使任何未测地点的水文过程估计误差最小。而站网的几何特点决定误差最大的站点，限制最大误差是该方法所采用的设计标准（吴宏旭，2004）。

1968年，卡拉谢夫提出的卡拉谢夫法，用于确定一个流量站网中测站数量范围，要求能估出所关心区域中任意站点的长期径流平均值及各年的径流量，且要求符合预期的误差标准。其理论基础是规定流域中心点的最小距离，以便对平均流量增量的估算误差不大于预定值，同时规定流域中心间的最大距离，以限制流量的估算误差。该方法就是企图在收集资料的重复程度最小化与保持要求的内插精度之间取得平衡（吴宏旭，2004）。

克里格方法，是20世纪80年代以来水文水资源工作者常用的站网优化方法之一，尤其在地下水观测网的优化中积累了大量经验和成果。克里格方法是根据水文过程的空间相关结构来确定最优站点位置的方法，其实质就是利用已知数据对空间某一位置上的水文变量的值进行克里格估计，并计算出这些位置上估计误差的标准差，进而绘制标准差的等值线图。然后，在图上对水文变量估算误差的改进作出主观评价是确定站点位置的准则，即在估计误差的标准差大于给定的标准差的范围空间时，则需要增加站点，反之就应该减少站点（陈颖，2013）。

信息熵理论是20世纪40年代后期由申农（Shannon）提出，之后不断涌现出基于信息熵原理的各种新方法，同时研究内容也扩展到与水资源相关的各领域的研究。信息熵方法的提出可以解决其他方法所无法解决的水文信息的定量度量问题，从而进行站网的优化。

2001年，中国地质大学的陈植华应用信息熵方法对河北平原地下水观测网进行站网优化，其方法主要是根据水位信号衰减与距离的统计关系来确定适宜的站网密度，并通过站点间的交互信息来判断冗余站点，其利用删除冗余站点前后站点空间插值形成的地下水位形态是否发生实质性变化验证得出删除的站点几乎没有损失站网信息。但是其对信息熵的利用仍然体现在计算方面和单项结果的评价方面，信息熵方法具有的优势还没有充分地挖掘和利用起来（陈植华等，2001）。

模拟模型方法多用于污染物监测站网的优化设计。该方法主要是利用地质统计学模型的模拟能力，将渗透参数作为一个区域化变量，每个渗透参数对应一种污染物，通过污染物在含水层中运移的统计模型来确定给定监测位置和监测频率下的污染情况。然后结合模型参数来优化监测站网的空间分布和监测频率。Meyer利用蒙特卡洛模拟方法对水质监测站网进行优化，在获取最大的检出污染物的概率的同时使得监测站点的数量最少。Wilson提出利用卡尔曼滤波技术对地下水系统的确定性和随机性参数进行估计。该方法建立模拟模型对每个备选方案进行模拟，将其与设定的临界值比较，最后确定监测站网的最优数量和监测频率。但是该方法考虑因素较多且复杂，计算量大，故较难实现（陈颖，2013）。

信息熵来源于信号通信理论，是系统不确定性或信息量的度量。将一定数量的水文站点构成的水文站网看做一个水文信号通信系统。每一个站点同时作为信号发射器和信号接收器来反映站点周围一定范围的水文情况。站点之间的信息传递随着距离的增加而衰减。运用信息熵方法度量某一个水文站的数据中所含的信息量大小，可以将站点间信息传递能力的大小进行量化，通过建立站网评价模型和优化模型对站网中的站点进行优化评价（陈颖，2013）。

在我国，运用克里格方法进行站网优化设计起步相对较晚。周仰效、李文鹏最早运用克里格插值法定量设计地下水位监测网，对监测网密度和监测频率的优化进行了研究，并将该法应用于郑州市、北京平原、乌鲁木齐河流域和济南岩溶泉城等地的地下水观测网优化（周仰效等，2007）。之后，宋儒将克里格方法运用到格尔木河流域地下水位动态观测网取得了较好的优化配置成果（宋儒，1997）。贾楠运用克里格插值方法对地下水位动态监测孔网进行优化，表明优化后的孔网能更好地反映矿区的地下水位信息（贾楠等，2012）。郭占荣和许彦卿分别对克里格方法在地下水观测网优化设计中的原理和应用进行了分析和总结（郭占荣等，1998）。

目前国内对于水文站网的规划主要是参考水利部 2013 年颁布的《水文站网规划技术导则》来进行。《水文站网规划技术导则》是在总结以往技术成果和工作经验的基础上提出的规定性条例，更重要的是对我国水文站网规划建设工作的实践指导意义。参照此导则推荐的原则和方法完成的各省市水文站网规划及调整对策的相关成果较多，并且这类成果大部分来自各省市的水文水资源工作者，但是大多是针对特定地区具体的站点功能及特点进行站点数量和站网密度方面的评价和调整，未能形成推广性和普适性强的优化方法或技术（陈颖，2013）。

1.2.3 物联网技术在水资源方面的应用研究

1）水环境监测及其站点优化

近年来，突发性水污染事故频繁发生。1991—2011 年间，我国突发性环境污染事件多达 33 919 起，而水污染事故占环境事故总数的 51.9%（马小雪等，2015）。突发性水污染事故对城乡供水安全及区域水环境将造成严重影响，以物联网技术、3S 技术为核心的在线监控测量系统，实现水环境系统的实时数据监控并计算测量，大大提升了应对水资源环境意外情况的能力。因此，如何对突发性水污染事故发生地进行实时的水环境质量监测以及如何选择监测站显得尤其重要。

水环境在线自动监测系统是以在线自动分析仪器为核心，运用现代传感器技术、自动测量技术、自动控制技术、计算机应用技术以及相关的专用分析软件和通信网络所组成的一个综合性的在线自动监测网络。实施水质自动监测，可以实现水质的实时连续监测和远程监控,及时掌握水体的水质情况并作出相应的分析和处理,达到有效利用水资源的目的。目前,监测站点使用的水质自动监测仪器主要从欧美进口为主,购买成本高昂,监测技术不易掌握;国产设备的市场占有率明显不足,精度、数量和产量很低,与国外产品相对比还存在很多问题和较大的差距。因此,提高水质自动监测系统的研发能力,加强水质自动监测系统的理论分析,突破水质自动监测系统的技术瓶颈,是当前国内水环境监测网建设的迫切需求。基于物联网的水环境在线监测系统,设计重点考虑的问题是监测物联网的选用、监测参数的确定和采样频率的制定,其中首当考虑的是监测站点的选择和优化(彭鹏,2012)。采用GIS空间分析及其平均信息熵值可以有效地选择最优的水质监测站点。

2)水文监测方面的应用

水文水资源监测技术已较为成熟,其应用场合也越来越多,例如河流水文监测、水库监测、地下水位监测、水雨情监测、海洋监测、农业灌溉用水监测、城市水资源监测等,成熟的监测技术为构建远程监测系统提供可能(谢启顺,2014)。随着物联网的兴起,物联网技术被应用在水资源监测中。在基于物联网的远程监测系统中,物联网感知节点全面采集水资源数据,由物联网网关汇总、上报数据。

水资源监测网络以监测点为基本单位,各个监测点相互独立地分布在不同的地理位置,由远程监测中心对所有监测点中的设备进行统一管理和维护,对监测点获取的水资源信息进行统一存储和管理,从而形成一个大规模自动化、网络化、智能化的水资源监测网络。在每个监测点中,网关节点通过有线方式连接智能监测仪表和ZigBee汇聚节点,能够采集监测仪表和ZigBee采集节点的实时数据,将水资源信息通过有线或无线方式上报到远程监测中心(谢启顺,2014)。这种拓扑结构既能够兼容目前基于DTU的远程监测系统,并具备基于物联网技术的远程监测系统的优点。由于智能监测仪表和ZigBee采集节点相互独立,因此本平台的底层监测方式动态可变,可根据实际监测水域的实际情况选择相应监测方式。

第2章 基于物联网的时空连续多元信息获取布局技术研究进展

2.1 基于物联网的时空连续多元信息获取途径研究进展

目前，物联网的研究与产业化仍存在诸多局限，大部分工作还集中在单个传感器或小型传感器网络方面（如智能传感器技术、压缩传感技术等），或集中在物联网硬件和网络层面（如新型网络互联技术、高通量服务器技术等），而对于物联网与互联网相比肩所面临的核心问题，即海量异构传感器数据的存储与查询处理、大量传感器的智能分析与协同工作、复杂事件的自动探测与有效应对等技术的研究还比较有限。在物联网系统中，传感器海量采样数据的集中存储与查询处理是十分重要的。通过海量传感器采样数据的集中管理，用户不仅可以直接在数据中心获得任一传感器的历史与当前状态，而且对集中存放的群体数据进行分析，可以实现复杂事件与规律的感知。此外，传感器采样数据的集中管理还使得物物互联、基于物的搜索引擎、传感器采样数据的统计分析与数据挖掘等成为可能（丁治明等，2012）。

王保云在 EPC Global 物联网体系架构和 Ubiquitous ID 物联网系统基础上，详细阐述物联网技术的概念，对物联网发展历史与未来趋势进行了深入研究（王保云，2009）。沈苏彬等通过分析现有物联网的定义、内在原理、体系结构和系统模型等技术文献和应用实例，探讨了物联网与下一代网络、网络化物理系统和无线传感器网络的关系，提出了物联网的服务类型和结点分类，设计了基于无源、有源和与互联网结点为基础的物联网的体系结构和系统模型（沈苏彬等，

2009)。孙其博等解析了物联网的基本概念和特征，对比分析了物联网与传感器网络、泛在网络、机器对机器通信以及计算物理系统等概念的关系；其次介绍了国际电信联盟(ITU)提出的泛在传感器网络(USN)体系结构，提出了物联网体系架构的研究建议；然后归纳了物联网涉及的关键技术，给出了物联网技术体系模型；最后总结了物联网标准化发展现状，并提出了物联网标准化发展建议(孙其博等，2010)。张白兰等从技术的角度对物联网的关键技术：RFID(射频识别)技术、传感网技术、智能技术、纳米技术、全球定位系统(GPS)技术以及云计算技术进行了研究，进而提出了物联网的基本概念。从应用的角度指出物联网的典型应用、目前实施的难点并提出应对建议(张白兰等，2010)。屈军锁和朱志祥讨论了物联网概念的由来和发展，对比分析物联网、传感器网络机器到机器(M2M)，以及泛在网之间的差异和关系。在研究泛在网、M2M结构模型的基础上，提出一种可运营、管理的通用物联网体系结构模型，并给出一个基于该结构的企业物联网的应用实例(屈军锁等，2010)。

基于物联网的数字流域时空多元信息获取途径分析问题，是流域信息获取技术的一大难题。传统的流域信息获取方式是地面实测，往往需要消耗大量的人力、物力等资源。当前，以卫星遥感为代表的空间信息获取技术，已经取得了较大的进展。因此，综合使用空间、陆地、水下等不同来源信息，实现固定式与移动式相结合的信息获取技术，是数字流域时空多元信息获取途径分析的主要任务。

2.2 基于物联网的时空连续多元信息获取一体化布局研究进展

数字流域时空多元信息获取的代表性问题，是流域信息获取技术的一大难题。目前，国内外对于传感器网络节点布局问题的研究也很多。徐久强等提出了一种无线传感器网络中多 sink 节点的 P-中值布局模型(徐久强等，2008)。汪学清等研究了对于一个给定的探测区域，至少需要多少节点才能实现对该区域的完全无缝覆盖的问题(汪学清，杨永田，孙亭等，2006)。林祝亮提出一种基于粒子群算法的无线传感器布局优化方案，但是仅讨论了基于节点位置调整的动态布局优化(林祝亮，2009)。李明等提出了一种基于遗传算法的异构节点成本优化部署方法(李明，石为人，2010)。付华提出了一种基于新量子遗传算法的分布优化机制(付华，韩爽，2008)。除了遗传算法之外，Lin F. Y. S. 采用模拟退火法解决了基于网格的传感器节点布局问题(Lin F. Y. S.，2005)。周利民采用了加权平均的方法，提出了一种基于鱼群算法的布局优化策略(周利民等，2010)。石建军、李晓莉分析了交通信息云计算的优势、特征、方法和部署，认为交通信息云也是一种信息高效采集和服务的概念，是实现交通行为控制的基础。以车辆定位信息的获取、传送、计算和应用为例，对比了浮动车信息现有处理模式与云计算信息处理模式，提出了以云计算模式产生高效用度、闭环可验证的个性化路径导航信息作用于海量驾驶员个体，实现控制性路径诱导的方法(石建军等，2011)。黄冬梅等阐述了一种新的、基于物联网的救灾物资配送管理系统，该系统克服了传统管理系统中非自动化和无法实施调度等问题，此系统使用物联网技术能够对救灾物资进行有效监控，可确保救治物资发放的及时性和准确性，从而提高了整个物资配给过程的效率(黄冬梅等，2011)。刘鹏程指出，欧洲物联网研究项目组(针对物联网的发展制定了物联网战略研究路线图)认为标准化技术对物联网的发展至关重要，需要优先考虑并展开研究，并把标准化技术列为十三项关键支撑技术之一(刘鹏程，2011)。孙其博等通过解析物联网的基本概念，探讨了其基本特征，并通过对比分析，指出了物联网、传感器网络、泛在网络等概念之间的区别与内在联系，并基于物联网体系框架对其关键技术进行了归纳总结(孙其博，刘杰，黎彝等，2010)。沈苏彬等通过研究与分析，提出了基于物联网的服务类型和结点分类，设计了以无源、有源和互联网结点为基础的物联网体系结构和总体模型(沈苏彬，范曲立，宗平等，2009)。

传统的流域信息获取方式是地面实测，往往需要消耗大量的人力、物力等资源。当前，以卫星遥感技术为代表的大面积信息获取技术，已经取得了较大的进展。因此，在地面监测站点分布稀疏、数量不足的情况下，充分使用卫星遥感技术或新增最小量的地面监测站网，试图最大化地获取满足精度要求的流域动态信息，是流域时空多元信息获取一体化布局技术的主要目标。

2.3 基于物联网的时空连续多元信息传输体系研究进展

“全国水利发展十二五规划”的提出为水利现代化和信息化建设提供了新的契机，为数字流域建设创造了良好的条件。虽然“九五”到“十一五”期间，我国水循环与水资源利用领域的基础理论和应用技术研究为数字流域建设奠定了坚实的理论基础，但由于我国河流具有东西跨度大、南北差异大的特点，特别是河流流经区域基础自然条件的差异导致不同流域间水文要素的差异，这就对于全流域统一数字模型的建设提出了新的挑战。另一方面，大量、离散的时空连续多元水文要素的实时传输成为数据流域建设的一大技术瓶颈。数字化技术为水文要素的全自动化、智能化的采集、传输、存储、处理、显示等提供了技术支撑。尤其物联网技术的发展，特别是无线传感网的应用，为建立一套快速高效的数据采集传输系统提供了技术上的可能，从而也为数字流域建设奠定了数据通道基础。

在我国，物联网技术的发展已延伸至军事、工商以及民生等各个领域。智能工业、智能农业、智能物流、智能交通、智能电网、智能环保、智能安防、智能医疗、智能家居等一系列的物联网应用，正在改变着我们对世间万物的认知方式。未来我国物联网发展也必定会朝着更智能、更实用、更全面的方向靠拢。由于物联网是在传统通信网络基础之上的延伸和扩展，所以传统通信网络技术的先进和可靠程度直接决定着物联网发展的根基(苏逸，2011)。物联网技术是以传统通信网络为核心，多种技术相融合的一种通信手段，它并不是一种新技术，也正因为如此，传统通信网络所存在的一系列安全问题，在物联网通信中必然是有过之而无不及(凌晨，2014)。

数字流域时空多元信息的快速传输问题，是流域信息获取技术的一大难题。数据的可靠传输是数据收集的关键问题，其目的是保证数据从感知节点可靠地传输到汇聚节点。目前，在无线传感器网络中主要采用多路径传输和数据重传等冗余传输方法来保证数据的可靠传输。多路径方法在感知节点和汇聚节点之间构建多条路径，将数据沿多条路径同时传输，以提高数据传输的可靠性(胡永利等，2012)。多路径传输一般提供端到端(End to End)的传输服务。由于无线感知网络一般采用多跳路由，数据成功传输的概率是每一跳数据成功传输概率的累积，但数据传输的每一跳都有可能因为环境因素变化或节点通信冲突引发丢包，因此构建传输路径是多路径数据传输的关键。数据重传方法则在传输路径的中间节点上保存多份数据备份，数据传输的可靠性通过逐跳(Hop by Hop)回溯来保证。数据重传方法一般要求节点有较大的存储空间以保存数据备份(胡永利等，2012)。

能耗约束和能量均衡是数据收集需要重点考虑和解决的问题。多路径方法在多个路径上传输数据，通常会消耗更多能量。而重传方法将所有数据流量集中在一条路径上，不但不利于网络的能量均衡，而且当路径中断时还需要重建路由。为了实现能量有效的数据传输，研究者基于多路径和重传方法，提出了许多改进的数据传输方法(马晓云，2013)。Pister 提出的 TSMP 多路径数据传输方法，在全局时间同步的基础上，将网络看作多通道的时间片阵列，通过时间片的调度避免冲突，从而实现能量有效的可靠传输(Pister, et al., 2008)。Xu N. 提出的 Wisden 数据传输方法，在网络中的每个节点都缓存来自感知节点的数据及数据的连续编码，如果数据的编码中断则意味着该编码对应的数据没有传输成功，这时将该数据编码放入一个重传队列，并通过逐跳回溯的方法重传该数据(Xu, et al.,2004)。当网络路由发生变化或节点故障产生大规模数据传输失败时，逐跳重传已经不能奏效，这时则采用端到端的数据传输方法。这种端到端和逐跳混合的数据传输方式实现了低能耗的可靠传输。

对于实时性要求高的应用，网络延迟是数据收集需要重点考虑的因素。为了减少节点能耗，网络一般要采用节点休眠机制，但如果休眠机制不合理则会带来严重的“休眠延迟”和更多的网络能耗。例如，当下一节点处于休眠状态时，当前节点需要等待更长的时间，直到下一节点被唤醒。为了减小休眠延迟并降低节点等待能耗，DMAC(Lu G.，et al.，2004)方法和STREE方法(Song W. Z.)使传输路径上的节点轮流进入接收、发送和休眠状态，通过这种流水线传输方式使数据在路径上像波浪一样向前推进，从而减少了等待延迟(Lu G.，et al.，2004)。Paradis L.等人提出的TIGRA方法对上述方法做了进一步改进，要求到汇聚节点具有相同跳数的节点同步进入休眠、接收和发送状态，从而将流水线式数据传输由线扩展到面，实现了更高效安全的传输(Pister，et al.，2008)。

随着物联网海量数据处理技术、信息服务系统的发展，物联网技术被广泛地应用在水质实时连续自动检测和远程监控、黄河河道冰情、流域调度、海洋灾害监测、城市污水监测等方面(肖同悦，2013)。传统的流域信息传输方式是运用国内电信运营商提供的公众通信网络(如GPRS)，其主要特点是信道稳定、长距离传输效率高、通信服务周到，但往往运行维护成本高。当前，物联网动态组网技术已经取得了较大的进展，特别是ZigBee动态组网技术在短距离传输、低功耗、低成本等方面具有优势。因此，在结合ZigBee和GPRS各自特点的基础上构建了数字流域时空连续多元化信息传输网络体系，不但可以实现水文要素自动检测和远程监控，也可以实现对河流水位、流量、洪水等实时预报和远程调度，促进了流域数字化建设的发展。因此，在现有公众通信网络条件下，充分使用物联网动态组网技术，最大化地提高数字流域时空多元信息传输效率，是流域时空多元信息传输体系的主要目标。

2.4 基于物联网的时空连续多元信息获取布局技术研究框架与技术路线

本书的总体框架和技术路线如图2.1所示。

1) 基于物联网的时空连续多元信息获取途径分析

以数字流域综合指标体系为基础，深入分析日常情况和应急情况下数据传输的应用需求，综合分析国有电信运营商(中国电信、中国移动、中国联通)提供的网络流量、网络带宽和应急响应时间，结合常用的传感器网络设备，提出了基于物联

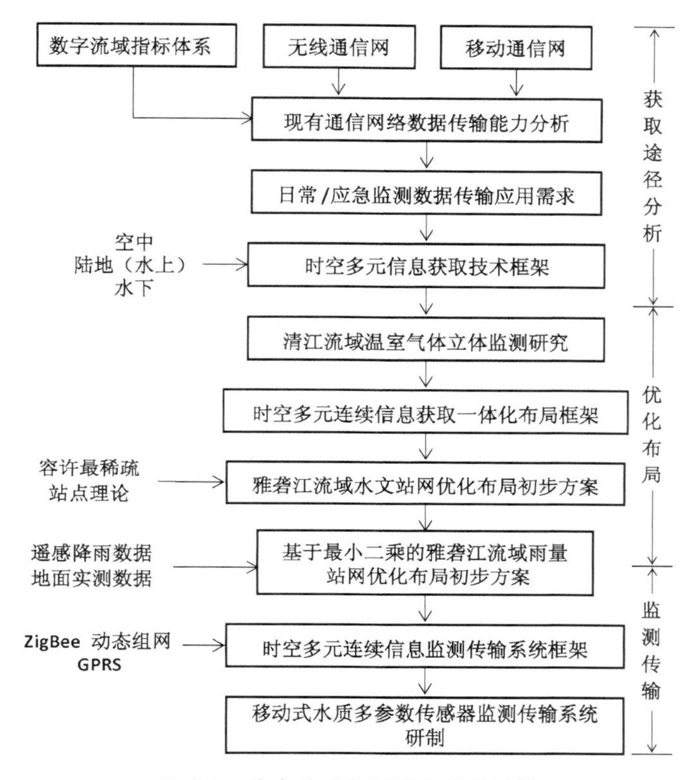

图 2.1　本书的总体框架和技术路线

网的数字流域时空多元信息“空中-地面-水下”获取技术框架，并以清江流域梯级水库温室气体立体监测研究为例进行验证。

2）基于物联网的时空连续多元信息获取一体化布局研究

提出了优化目标驱动下的流域时空多元信息获取一体化布局技术框架，并重点研究了陆地（水上）优化布局和水下优化布局两类方法。基于容许最稀疏站网密度理论，在流域水文分区的基础上，初步形成了流域水文测站和雨量测站的新增布局方案。综合运用遥感降雨数据和地面实测数据，提出了流域雨量监测站网优化布局方法及其算法实现，初步形成了雅砻江流域雨量监测站网优化布局方案。

3）基于物联网的时空连续多元信息传输体系研究

针对数字流域数据快速传输的需求，基于 ZigBee 和 GPRS 技术，提出了数字流域时空多元信息获取一体化布局技术框架，初步研制了移动式水质多参数传感器监测传输原型系统，提出了水下监测系统设备布置方案，并进行了初步试验验证。

第3章 基于物联网的时空连续多元信息获取途径分析

3.1 基于物联网的时空连续多元信息获取技术体系框架

基于物联网的数字流域时空连续多元信息获取技术体系框架如下图所示：

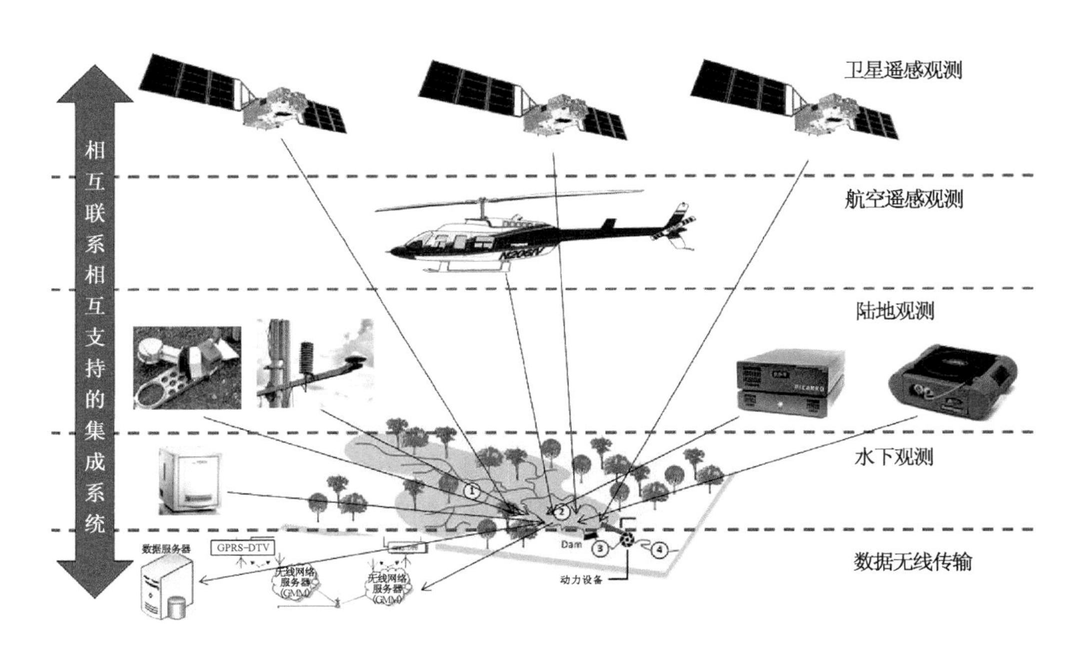

图 3.1　数字流域时空连续多元信息获取技术体系框架

1)“空中-陆地-水下”监测数据分析

数字流域要求采集流域下垫面状况及水下的各类型信息，主要分为：

(1) 流域下垫面状况及水下的综合观测数据

采用遥感技术采集流域下垫面状况及水下的综合观测数据。遥感技术是一种非接触的，远距离的探测技术，是根据电磁波的理论，应用各种传感仪器对远距离目标所辐射和反射的电磁波信息，进行收集、处理，并最后成像，从而对地面各种景物进行探测、分析和识别。该技术已经广泛地应用于气象观测、资源考察、地图测绘和军事侦察等领域(谢媛媛，2012)。从遥感器荷载上看，遥感技术主要分为卫星遥感和航空遥感。

① 卫星遥感

卫星遥感是指把遥感器装在卫星、航天器上进行遥感探测。卫星遥感可进行长时间、定期、重复性的对地观测，适宜于进行地表状况的长期、动态监测。随着我国卫星航天技术的不断提高，以中巴资源卫星系列(CBERS-1/2)、环境卫星系列(HJ-1/2)、资源卫星系列(ZY-1/2/3)、高分卫星(GF-1/2)为代表的国产卫星技术日臻完善，能够提供反映流域下垫面状况的多元、多类型、多尺度影像资料。

② 航空遥感

航空遥感是指把遥感器放在高空气球、飞机等航空器上进行遥感探测。受到遥感器载荷的限制，航空遥感只能针对某一特定区域进行短期的遥感探测，适宜于感兴趣目标探测或突发状况应急监测。与卫星遥感相比较，航空遥感最大的优势是可针对不同的应用目标，搭载不同类型的传感器，便于进行信息精确提取与快速分析。目前，航空遥感技术也正从大飞机遥感走向直升机遥感，甚至无人机遥感，大大降低了应用成本。

利用卫星、航空等对地观测技术能实现较大尺度和范围的动态监测，通过数学模型耦合与数据同化方法，实现流域下垫面状况及水下信息的综合观测，能够大幅度地提高数据监测精度和使用效率。

(2) 陆地观测数据

采用实地观测方法采集数字流域陆地(水上)的各种观测数据，主要包括气象、土壤、森林植被、地形地貌等方面的资料。一般地，针对不同的应用，有不同类型的观测仪器，如气象观测中，有温度计、压力计、风速仪、湿度计、雨量计等。目前，全国范围内已经建立了许多气象站，部分具备数据自动上传等功能。

(3) 水下观测数据

采用实地观测方法采集数字流域水体(水下)的各种观测数据，主要包括水文水资源、水环境、水下地形等方面的资料。一般地，针对不同的应用，有不同类型的观测仪器,如水文观测中,有水位计、流量计等。目前,全国范围内已经建立了许多水文站,部分具备数据自动上传等功能。

为了应对应急状况和机动监测等需求,还采用了无人机、无人测量车、无人测量船等方式进行移动采样和应急观测。

考虑到卫星遥感和航空遥感需要耗费大量的人力、物力资源,其利用方式复杂,目前基于物联网的数字流域信息获取技术的研究主要集中在"陆地-水下"这两个层面上。

2)"空中-陆地-水下"立体监测网络的主要优势

(1)充分利用卫星遥感、航空遥感和地面实地观测等多种监测手段,实现空中-地面-水体同时监测,便于数据处理与分析应用。

(2)采用"空中-陆地-水下"立体监测网络,实现流域下垫面产汇流过程、水资源利用过程等全流域综合信息的一体化采集,便于数据综合应用。

(3)充分考虑了日常流程和应急流程两种模式,实现了日常监测与应急监测相结合。

3.2 基于物联网的时空连续多元信息"空中"获取技术

3.2.1 卫星遥感技术

遥感技术主要指从远距离、高空,以至外层空间的平台上,利用可见光、红外、微波等探测仪器,通过摄影扫描、信息感应、传输和处理等方法,从而识别地表物体的性质和运动状态的现代高新技术系统(王星月,2011)。

卫星遥感是指把遥感器装在卫星、航天器上进行遥感探测。卫星遥感可进行长时间、定期、重复性的对地观测,适宜于进行地表状况的长期、动态监测。随着我国卫星航天技术的不断提高,以中巴资源卫星系列(CBERS-1/2)、环境卫星系列(HJ-1/2)、资源卫星系列(ZY-1/2/3)、高分卫星(GF-1/2)为代表的国产卫星技术日臻完善,提供反映流域下垫面状况的多元、多类型、多尺度影像资料。

3.2.2 无人机航空摄影技术

航空遥感是指把遥感器放在高空气球、飞机等航空器上进行遥感探测。受到遥感器载荷的限制,航空遥感只能针对某一特定区域进行短期的遥感探测,适宜于感兴趣目标探测或突发状况应急监测。与卫星遥感相比较，航空遥感最大的优势是可针对不同的应用目标，搭载不同类型的传感器，便于进行信息精确提取与快速分析。目前，航空遥感技术也正从大飞机航空摄影走向直升机航空摄影，甚至无人机航空摄影。

无人机航空摄影数据具有高清晰、大比例尺、小面积、高现势性的优点，特别适合获取带状地区航拍影像（公路、铁路、河流、水库、海岸线等）。起飞降落受场地限制较小，在操场、公路或其他较开阔的地面均可起降，其稳定性、安全性好，转场等非常容易。

（1）无人机模型（图3.2）

图3.2　固定翼无人机模型

（2）无人机航空摄影（图3.3）的作业过程

图3.3　无人机航空摄影

无人机航空摄影的具体作业过程如下：

第 1 步　航线策划

工作人员根据测区地图、实地勘察，以及相关航摄参数（例如摄影比例尺、航向重叠度等），初步拟定航摄航线，并到达测区进行检核。随后在无人机控制软件里下载好测区的地图，并对航线进行标记，以作为无人机航拍的路径参考。

第 2 步　软硬件准备

工作人员到达湖岸后，选取空旷、无电磁干扰的场地作为起飞场地。开启无人机和遥控器电源，开启移动端无人机控制软件。连接各设备，检查软硬件模块功能是否正常，GPS 卫星数量是否大于 10 颗，做好飞行准备。

第 3 步　调整相机

飞行器起飞，以预定的飞行高度悬停在起飞点上方。用遥控器控制相机云台，使镜头光轴近似垂直于航线（即近似垂直于地面）并在随后的拍摄中一直保持。对无人机的相机进行设置，以记录拍摄时的经纬度和高程值。

第 4 步　开始去行航拍

工作人员控制无人机按照预设航线进行飞行。移动端的控制软件实时监控无人机的飞行状态，例如飞行高度、水平速度、垂直速度和经纬度坐标。无人机每飞行一个摄影基线的长度，就会在空中短暂悬停，用于稳定相机，拍摄航片。拍摄完毕后无人机继续沿预设航线进行飞行，直到飞行路程再次达到一个摄影基线的长度时，再次重复上述悬停-拍摄-继续的过程。这样不断重复，直到飞达终点，结束本条航带的航片拍摄。

第 5 步　进行回行航拍

无人机掉头并按照相邻航线飞行，返回起飞点。返航过程与第 4 步类似，进行保持一定航向重叠度的竖直摄影。

继续参照第 4、第 5 步，重复执行其他航线的拍摄任务，直到无人机的电池电量接近用尽，此时控制飞机返航。若有多个测区需要航摄，则在一个测区执行完毕后（或者电池接近用尽时）返航并更换电池，再继续执行本步骤。

第 6 步　航摄任务完成

测区航摄任务完成后，控制无人机降落，连接电脑拷出航片，工作人员返回进行内业处理。

（3）系统应用案例

① 丹江口库区消落带的无人机航空摄影成果（图 3.4）

图3.4　丹江口库区消落带的无人机航空摄影成果

② 湖北省巴东县山洪沟的无人机航空摄影成果(图3.5)

图3.5　湖北省巴东县山洪沟的无人机航空摄影成果

3.3　基于物联网的时空连续多元信息“地面”获取技术

3.3.1　物联网传感器原位观测技术

1）物联网应用层次

物联网的价值在于让物体实现智慧互联，从而实现人与人、人与物、物与物之间的沟通，一般分为三个层次，即信息感知层、网络传输层和应用层。

（1）信息感知层

感知层主要实现对物体的信息采集、捕获和识别，即需要用各种各样的智能设备区感知物体信息，并把信息收集。信息感知层的关键技术包括传感器技术、RFID 技术、GPS 技术、无线通信技术等。由于各种传感器需要彼此之间长时间的互联传输信息，因此感知层必须解决传感器功耗、成本、小型化的问题，以及向高灵敏度、高稳定性方向发展。

（2）网络传输层

在感知信息后，就要把信息传输到物联网管理中心，管理中心应具有编码、认证、授权、计费等功能，并需要通过收集的信息进行处理从而对被感知物体进行反馈控制，网络传输层完成这样的传输功能。由于物联网不同于互联网，涉及不同网络之间的异构融合，因此异构网络的接入问题是网络传输层需要解决的问题。

（3）应用层

应用层是指针对具体的应用进行相应的设计，并根据行业或者应用的需求进行实际的应用控制。应用层通过面向各类应用，实现信息的存储、数据的挖掘、应用的决策，涉及海量信息的处理技术、分布式计算技术、中间件技术等（朱洪波，2011）。

2）物联网传感器分析

针对在数字流域实际应用需求，将物联网传感器主要分为五大类型（气象类、水文水资源类、水环境类、地下水类、土壤类），并详细分析传感器型号、监测指标、制造商、价格、详细参数等信息，构建五大类物联网传感器数据库，如表 3.1～表 3.5 所示。

（1）气象参数（温度、压力、风力、湿度、雨量等）

表 3.1　物联网气象传感器性能数据库的部分内容

产品名称	产品型号	制造商	主要技术参数
一体化雨量水位计	TH－IRG2000	陕西颐信公司	0.01～6 mm/min;≤±3 %;－30～＋70 ℃
遥测报警雨量计	TH－IRG3000	陕西颐信公司	0.5 mm/1 mm;0.1～6 mm/min;－10～＋50 ℃
全自动雨量计	SLJ－2 型	江苏南京联创仪表有限公司	10 mm/min;0.1 mm;0～999 mm

（2）水文水资源参数（水位、流量）（表 3.2）

表 3.2 物联网水文水资源传感器性能数据库的部分内容

产品名称	产品型号	制造商	主要技术参数
超声波水位计	TH-USG2000	陕西颐信公司	10/15 m;0.25 %～0.5 %;3 mm
雷达水位计	TH-RDG2000	陕西颐信公司	30 m;3 mm;(−40～80)℃
水文遥测终端机	TH-RTU2000	陕西颐信公司	4路差分输入、4路非差分输入;0～5 V或4～20 mA;16位
数据传输终端	TH-DTU2000	陕西颐信公司	EGSM900/DCS1800 双频; EGSM900 CLASS4(2 W);106 dBm

(3) 水环境参数(温度、电导率、溶解氧、pH、叶绿素a)

表 3.3 物联网水环境传感器性能数据库的部分内容

产品名称	产品型号	制造商	主要技术参数
全自动水质在线监测系统	CMS5000	美国 INFICON	pH:(0.00～14.00)pH ORP:(−1 999～1 999)mV 电导率:(0～1×105)μS/cm 温度:(0～60.0)℃
水质在线分析仪	CX1000-3011	法国 AWA	pH:(0.00～14.00)pH ORP:(0～1 000)mV 电导率:(0～1×105)μS/cm 温度:(0～60.0)℃
多参数水质分析仪	DZS-706	上海民仪电子有限公司	pH:(0.00～14.00)pH ORP:(0～1 500)mV 电导率:(0～1×105)μS/cm 温度:(0～60.0)℃

(4) 地下水参数(地下水埋深)

表 3.4 物联网地下水传感器性能数据库的部分内容

产品名称	产品型号	制造商	主要技术参数
地下水位自动监测仪	A755 SDI-12	德国 ADCON	操作温度:−30～65 ℃ Rx灵敏性:−106 dBm Tx输出能量:2 W
地下水位自动监测仪	LEV1	德国 ADCON	操作温度:−40～+80 ℃ 精度(0～+40 ℃):0.1 % 分辨率:<0.01 %
地下水位自动监测仪	CTD-Diver	北京水森国际科技有限公司	操作温度:−40～+70 ℃ 精度(0～+40 ℃):0.1 % 分辨率:<0.01 %

(5) 土壤参数(水分、温度、电导率)

表 3.5　物联网土壤传感器性能数据库的部分内容

产品名称	产品型号	制造商	主要技术参数
土壤墒情监测仪	TH - TR250	陕西颐信公司	水分 0～100%,温度 0.5 ℃,0～5 V
土壤水分速测仪	TS - 6P	山东安博仪器股份有限公司	水分 0～100%,温度 0.4 ℃,0～5 V
土壤墒情测试仪	TS - 6A	山东安博仪器股份有限公司	水分 0～100%,温度 0.4 ℃,0～5 V
土壤墒情多参数测试系统	SU - LPC	中国农业大学	水分 0～100%,温度 0.4 ℃,0～5 V

3) 无线局域网数据传输能力分析

系统性研究了 Wi-Fi 技术、蓝牙技术、ZigBee 技术、RFID 技术和 NFC 技术等五种无线局域网通信技术,深入分析基于无线局域网的数据传输技术指标,探讨无线局域网技术提供的数据传输能力(频段、上下行频率间隔、信道带宽、传输速度等)性能指标,如下表所示。

表 3.6　基于无线局域网的数据传输技术性能

名称	Wi-Fi	蓝牙	ZigBee	RFID	NFC
传输速度	11～54 Mbps	1 Mbps	100 Kbps 10～250 Kbps (加大输出功率)	1 Kbps	424 Kbps
通信距离	20～200 m	<10 m	10～100 m 1～1 km (加大输出功率)	1 m	20 cm
频段	2.4 GHz	2.4 GHz	2.4 GHz	低频(LF):30～300 kHz (典型频率:125 kHz 和 133 kHz) 高频(HF):3～30 MHz (典型频率:13.56 MHz) 超高频:(UHF):300 MHz～3 GHz (典型频率:433 MHz、860～960 MHz、2.45 GHz)	13.56 MHz
安全性	低	高	中等	极高	—
国标标准	IEEE 802.11	IEEE 802.15.1x	IEEE 802.15.4		ISO/IEC 18092 ISO/IEC 21481
功耗	10～50 mA	20 mA	5 mA	10 mA	10 mA
成本	25 $	2～5 $	5 $	0.5 $	2.5～4 $
主要应用	无线上网、PC、PDA	通信、汽车、IT	无线传感器网络、医疗仪器数据采集	读取数据、电子车票、电子身份证、物业管理、门禁系统、安防、水利等	手机、近场通信技术

4）移动通信网数据传输能力分析

系统性研究了GSM技术、CDMA技术、WCDMA技术、TD-SCDMA技术和CDMA2000技术五种移动通信网技术，深入分析了基于移动通信网的数据传输技术指标，并探讨了移动通信网技术提供的数据传输能力（频段、上下行频率间隔、信道带宽、传输速度等）性能指标，如表3.7所示。

表3.7 移动通信网的数据传输技术性能

名称	GSM	CDMA	WCDMA	TD-SCDMA	CDMA2000
频段	上行（MHz） 890～915 下行（MHz） 935～960	上行（MHz） 825～835 下行（MHz） 870～880	上行(MHz) 1 940～1 955 下行(MHz) 2 130～2 145	A频段1 880～1 920 MHz B频段2 012～2 025 MHz C频段2 300～2 400 MHz	上行(MHz) 1 920～1 935 下行(MHz) 2 110～2 125
频带宽度	25 MHz	10 MHz	15 MHz	A频段40 MHz B频段15 MHz C频段100 MHz	15 MHz
上下行频率间隔	45 MHz	45 MHz	90 MHz		90 MHz
信道带宽	200 kHz	1.25 MHz	5 MHz	1.6 MHz	1.25 MHz
传输速率（移动理论值）	GSM 9.6Kbps GPRS 115Kbps EDGE 384Kbps	理论153.6 Kbps 实际60～80 Kbps	高速移动 384 Kbps 低速或室内 2 Mbps	384 Kbps	384 Kbps
调制方式	GSM GMSK GPRS GMSK EDGE 8PSK	QPSK	上行 BPSK 下行 QPSK	DQPSK	上行 BPSK 下行 QPSK

3.3.2 车载移动信息获取系统

车载移动信息获取系统是一种快速、高效、无地面控制的多传感器集成的测绘系统，以车辆为载体，将定位定姿系统（POS）、激光扫描仪（LiDAR）与数字工业相机（Camera）、车轮编码器（DMI）、工业化计算机系统等集成在一起，实现了移动式测绘与制图。通过POS定位定姿系统，在GPS和陀螺仪的支持下，系统的平面定位精度可以达到2 cm，高程定位进度可以达到5 cm；通过数据处理后，系统所采集的图像精度可以达到亚米级或者分米级。在移动数据采集过程中，激光扫描仪获取目标几何形状信息，CCD相机采集目标纹理信息，POS系统能进行高频率、高精度的定位定姿，并且在GNSS信号失锁的情况下依靠惯性测量装置(IMU)与车轮编码器(DMI)依然能保证系统正常工作(丰勇，2013)。

与传统采集数据方式相比，车载移动测绘系统采集数据速度快、精度高、信息量大，既有激光点云数据也有图像纹理数据，并采用模块化设计，具有安装拆卸简单、方便，易于升级维护等特点。

(1) 系统组成

车载移动信息获取系统组成结构见图3.6～图3.8所示。

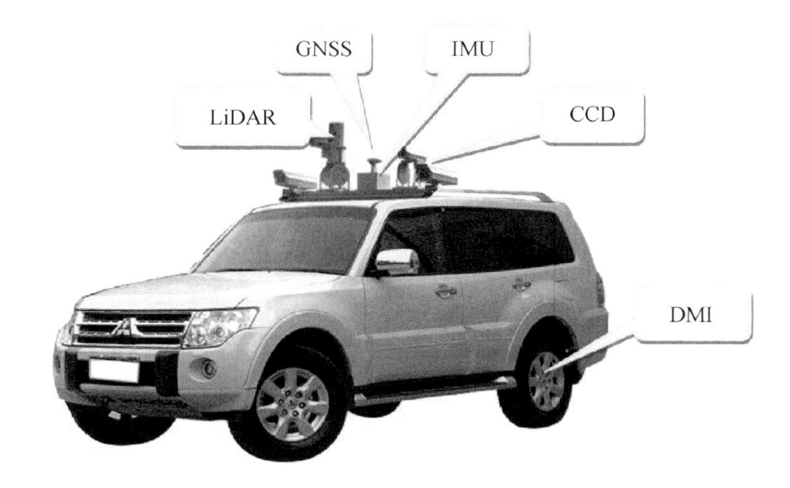

图3.6　车载移动信息获取系统组成

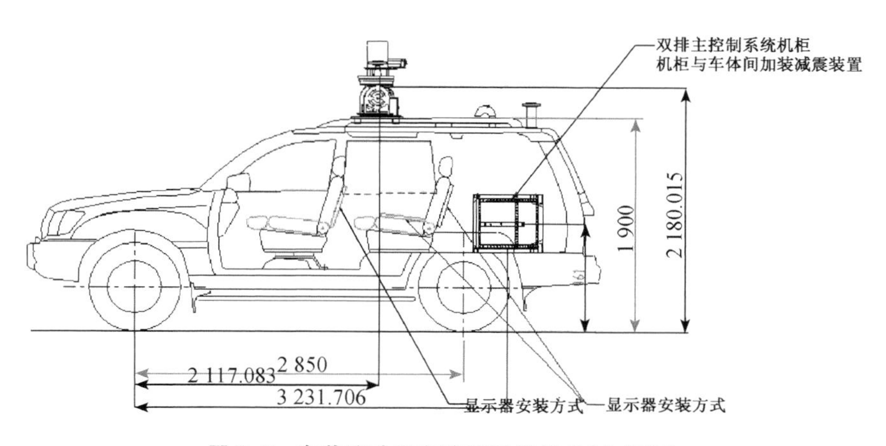

图3.7　车载移动信息获取系统组成(左视图)

(2) 系统性能指标

车载移动信息获取系统的主要性能参数见表 3.8 所示。

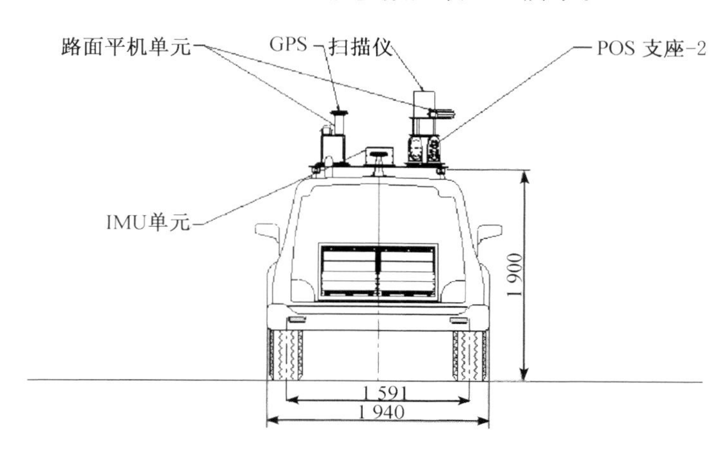

图 3.8　车载移动信息获取系统组成(后视图)

表 3.8　车载移动信息获取系统的主要性能参数

项目	指　标
惯性测量单元	型号:IMU-31 特点:六个自由度惯性传感器组合;高可靠性、高坚固性 陀螺仪误差≤5 deg/h 加速度误差≤4.0 mg 数据更新率:200 Hz
GNSS 接收机	接收机通道:72 通道 数据采样频率:20 Hz 观测数据:GPS L1 C/A 码,L2C,L1/L2/L5 全载波相位数据,GLONASS L1 C/A, L1 P,L2 C/A2,L2 P,L1/L2 全载波相位数据以及卫星广播星历 静态测量平面精度:3 mm+0.5 ppm,高程精度:5 mm+0.5 ppm 动态测量平面精度:10 mm+1 ppm,高程精度:20 mm+1 ppm 能与区域 CORS 系统有效连接
GNSS 天线	接收信号:GPS L1、L2,GPS L2C,GPS L5,GLONASS,SBAS(WASS,EGNOS),OmniSTAR 相位中心稳定性优于 1 mm
车轮编码器	型号:增量型可编程编码器 输出脉冲:0~4 096PPR 初始化时间:40 ms

（续表）

项目	指　标
激光扫描仪	激光等级：一级 数据采集最小距离：1.5 m 准确性：10 mm；精确性：5 mm 激光脉冲重复频率：最高可达 30 kHz 最大有效测量频率：10 000 means/s 最大行扫描速度：80 lines/s 光束发散角：0.3 mrad（毫弧度） 激光波长：近红外 扫描范围：±40°
CCD 相机	相机类型：能形成连续的、可量测的数码相机系统 相机个数：2 台 分辨率：200 万（1 600×1 200） 帧频：16 f/s

（3）系统应用案例：荆江河道堤防地形测量

利用车载移动信息获取系统进行荆江河道堤防地形测量。

① 系统实地作业（图 3.9）

图 3.9　车载移动信息获取系统的实际作业

② 系统数据处理(图 3.10)

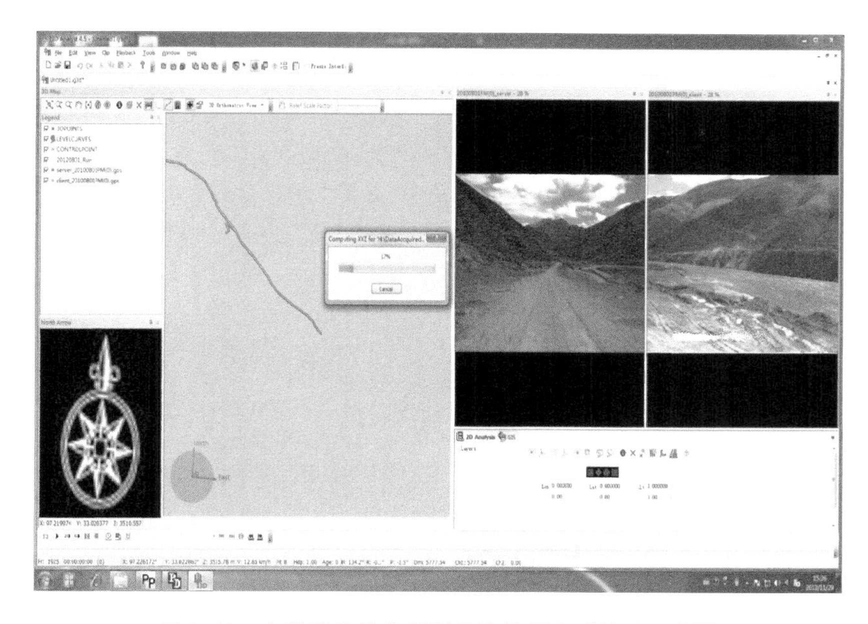

图 3.10　车载移动信息获取系统数据实时处理示意图

③ 成果展示(图 3.11)

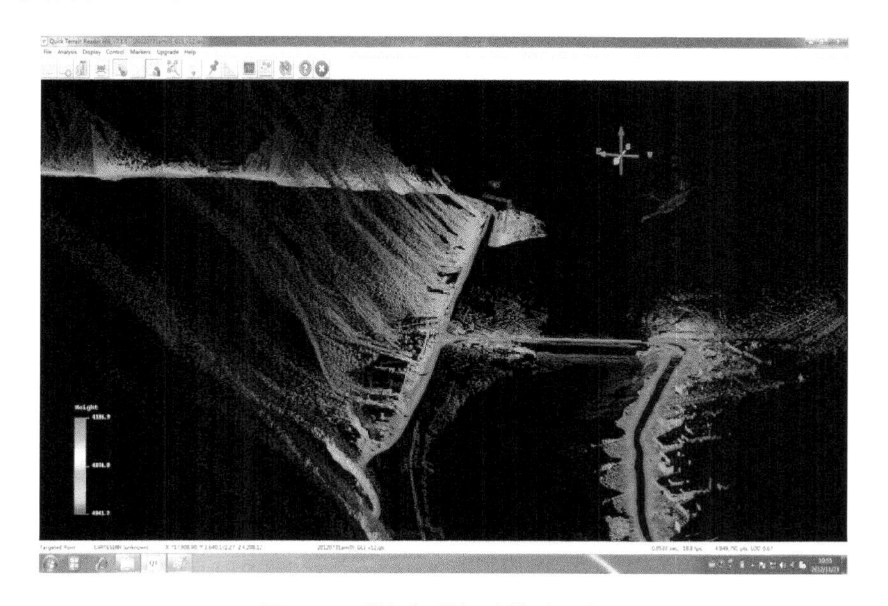

图 3.11　荆江河道堤防模型示意图

3.4 基于物联网的时空连续多元信息“水下”获取技术

无人船水域测量信息获取系统，是以无人船为载体，集成GNSS、水深测量、陀螺仪、CCD相机等多种高精度传感设备，采用宽带无线传输的方式，在岸基实时接收并分析处理无人船系统所采集的各种时空数据，能以遥控和自控两种方式对船体及船载传感器进行实时操作和控制。

(1) 系统组成

本系统由遥控测量无人船子系统和岸基控制子系统两部分组成(图3.12)。

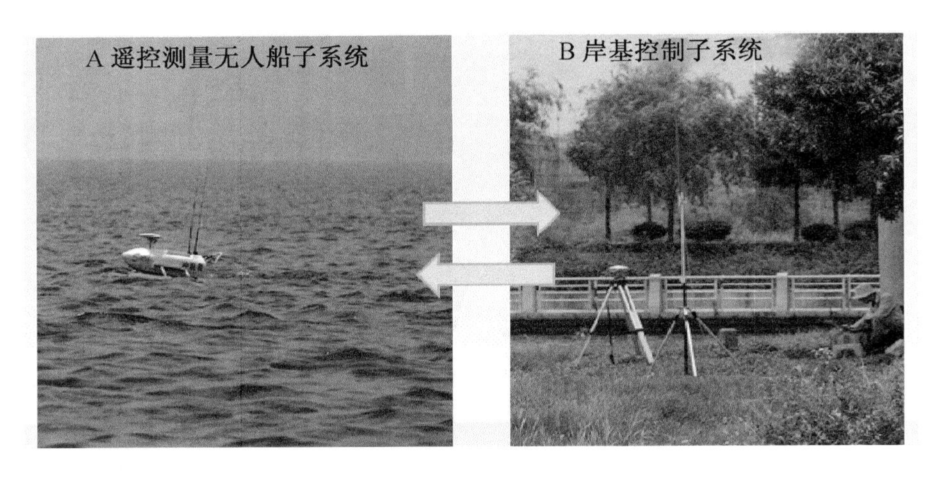

图 3.12 无人船水域测量信息获取系统组成结构

① 遥控测量无人船子系统

该船体设有动力系统、电源系统、船上控制系统、测深仪、陀螺仪、GNSS定位模块、CCD摄像头和无线数据传输模块等。通过嵌入式编程技术，实现对船体的控制，以及各传感器数据的采集、融合和传输(图 3.13)。

② 岸基控制子系统

该系统主要由交互式界面组成，通过无线传输协议，实时接收、分析、处理和显示遥测船体发送的数据，控制测量船自动或手动走线测量，并实现船只的自动回航，最后对采集的数据进行数据处理以及图件的绘制(图 3.14)。

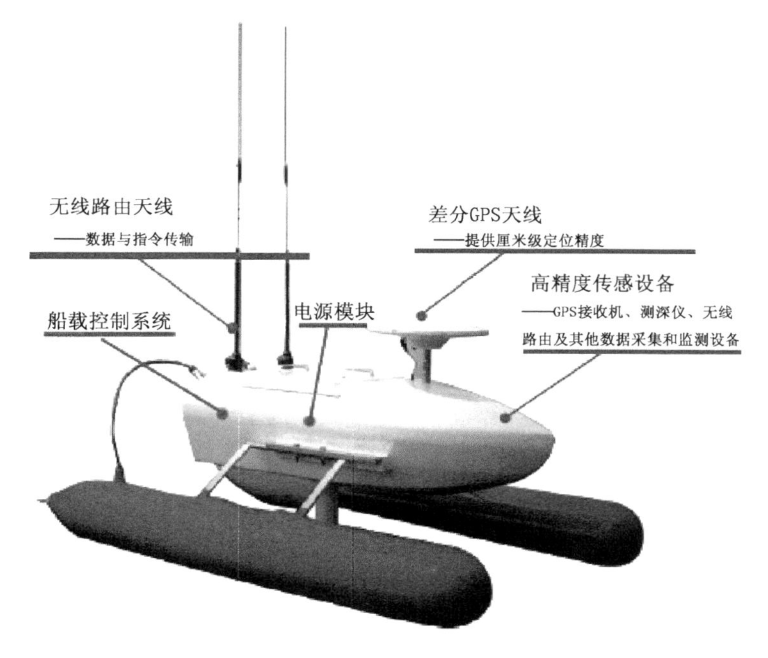

图 3.13　遥控测量无人船子系统的设备构成

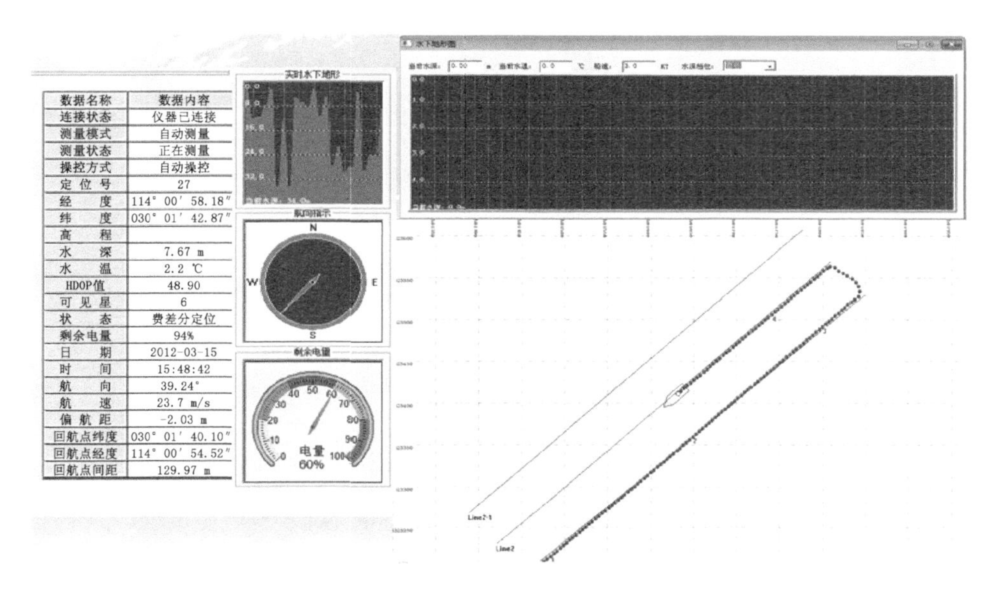

数据名称	数据内容
连接状态	仪器已连接
测量模式	自动测量
测量状态	正在测量
操控方式	自动操控
定 位 号	27
经　　度	114° 00′ 58.18″
纬　　度	030° 01′ 42.87″
高　　程	
水　　深	7.67 m
水　　温	2.2 ℃
HDOP值	48.90
可 见 星	6
状　　态	费差分定位
剩余电量	94%
日　　期	2012-03-15
时　　间	15:48:42
航　　向	39.24°
航　　速	23.7 m/s
偏 航 距	-2.03 m
回航点纬度	030° 01′ 40.10″
回航点经度	114° 00′ 54.52″
回航点间距	129.97 m

图 3.14　岸基控制子系统界面及实时信息数据

(2)系统性能指标

无人船水域测量信息获取系统的主要性能参数见表 3.9 所示。

表 3.9 无人船水域测量信息获取系统的主要性能参数

项　目	指　　标
船体尺寸	1 800 mm×1 100 mm×750 mm(长×宽×高)
船体动力类型	双引擎直流无刷电机马达
船体重量	60 kg
最大载重量	50 kg
最大航速	5 m/s
电池续航时间	≥5 h(2 块电池,最多可配 4 块)
电源	DC 24 V/48 V,20 Ah 锂铁电池
遥控距离	>2 km(可升级至 10～30 km 基站式)
平面定位精度	单点定位:平面±0.25 m+1 ppm,垂直±0.5 m+1 ppm; RTK:平面±10 mm+1 ppm,垂直±20 mm+1 ppm; CORS:平面±10 mm, 垂直±20 mm
测深量程	0.3～100 m(可选配更大量程)
测深精度	0.1%×量程
CCD 摄像头有效范围	97°

(3) 系统应用案例:丹江口水库大坝前后水下地形测量

利用无人船水域测量信息获取系统进行丹江口水库大坝前后水下地形测量。

① 测量区域分布(图 3.15)

图 3.15 丹江口水库大坝前后测量区域分布图

② 测量线路布设(图 3.16)

图 3.16　丹江口水库大坝前后测量区域线路布设图

③ 成果展示(图 3.17,图 3.18)

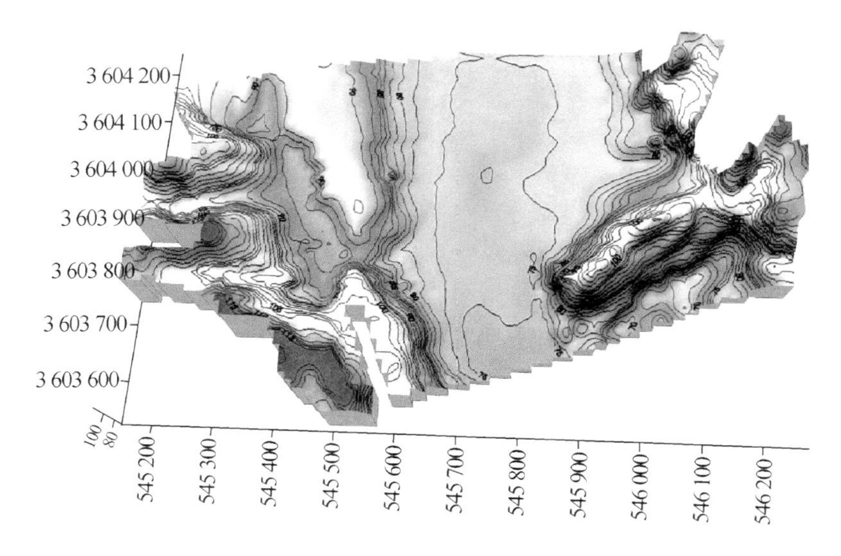

图 3.17　丹江口水库坝前水下地形测量成果图 1

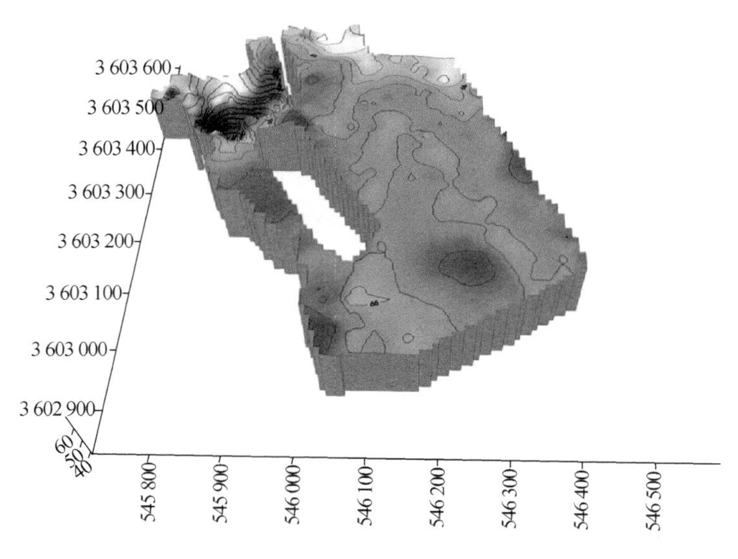

图 3.18　丹江口水库坝后水下地形测量成果图 2

3.5　清江流域梯级水库温室气体立体监测研究

运用卫星遥感、航空摄影测量和地面无线传感器网络组网等技术，对水库温室气体分析仪、水体碳 TOC 分析仪和 ASD 光谱仪等关键科学仪器设备进行了有机集成，基于"3S"技术成功实现了流域生态环境立体监测技术的同步与互动，建立了完整的流域生态环境立体监测系统，并成功应用到水库温室气体源汇变化领域的立体监测研究中，在流域生态环境立体监测构建与应用方面取得了显著的突破和创新。此外，与中国资源卫星应用中心等国产遥感卫星管理部门签订战略合作协议，可以定期提供清江流域的高分辨率卫星遥感数据。同时在清江流域开展了航空摄影测量工作，获取了清江流域高分辨率的航空摄影数据。还在清江流域三大梯级水库开展了水库温室气体野外考察和科学实验，采样样本进行实验室内部分析测试，从天地空立体监测角度初步构建了清江流域生态环境立体监测系统。

3.5.1　研究区域与研究方法

清江流域目前已经完成梯级水电站的开发利用，形成了水布垭、隔河岩和高坝洲三个大型发电水库，其中水布垭水库是清江流域三级梯级水库中新建成的深水峡谷型发电水库，于2008年建成蓄水从而进入正常运行发电阶段。水布垭水库坝址位于湖北省巴东县境内，下距隔河岩水利枢纽92 km，是清江梯级水电开发的龙头枢纽，其正常蓄水位400 m，相应库容43.12亿m^3，总库容45.8亿m^3，装机容量1 600 MW，是以发电、防洪、航运为主，并兼顾其他辅助功能的水利枢纽工程（赵登忠等，2011）。水布垭水库位于崇山峻岭之间，大部分区域非常陡峭，库区高程基本上在180～2 260 m范围内变化，属于典型的河道峡谷型水库，两岸及库底多为石质本底，水面宽度约为1～3 km，水库消落带淹没的植被及土壤较少，在水库建成蓄水前进行了大规模的清库工作，库区内人类活动较少，没有污染型的大型工矿企业，水质总体状况较好（汪朝辉等，2012）。在水域面积、气候条件与水环境特征等方面，水布垭水库在长江中上游流域梯级发电水库群中具有典型的代表性，本书选择其作为长江中上游流域典型水库案例，通过观测实验研究与分析典型新建水库表层水体碳时空分布规律，为长江中上游流域大型发电水库对流域水域碳循环的影响评估提供支持。

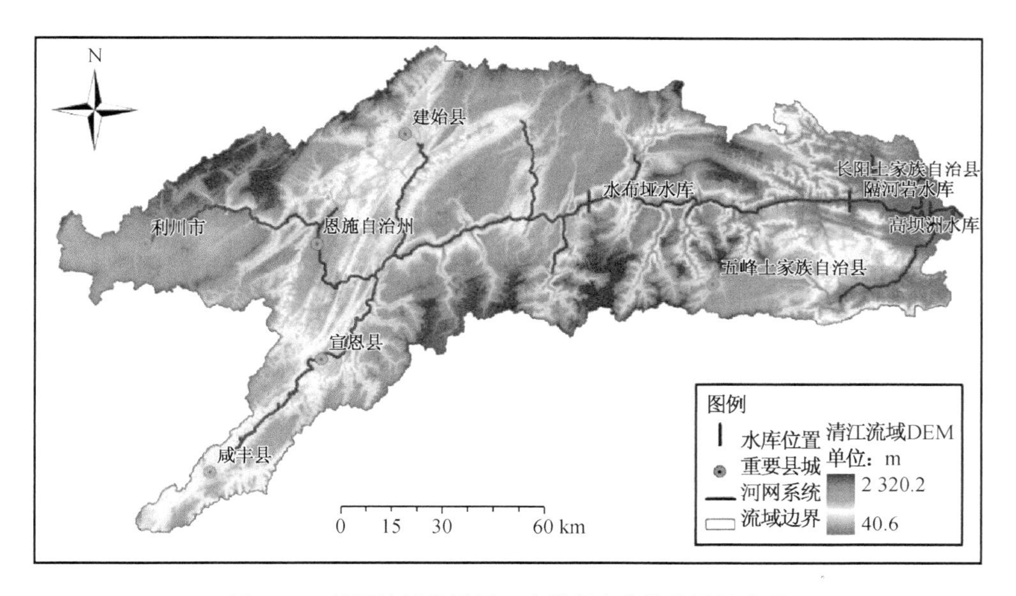

图3.19　清江流域边界及三大梯级水电站位置示意图

1）*原位观测方法*

大型发电水库二氧化碳和甲烷温室气体源汇变化监测指标主要包括水气界面扩散通量和气温、水温、溶解氧、pH值、电导率和水体碳等影响因素。本研究中水气界面扩散通量采用浮箱与痕量气体分析仪相结合的方法，首先根据倒置在水面上的浮箱内甲烷浓度变化情况，根据箱体尺寸参数计算通量，观测数据质量通过计

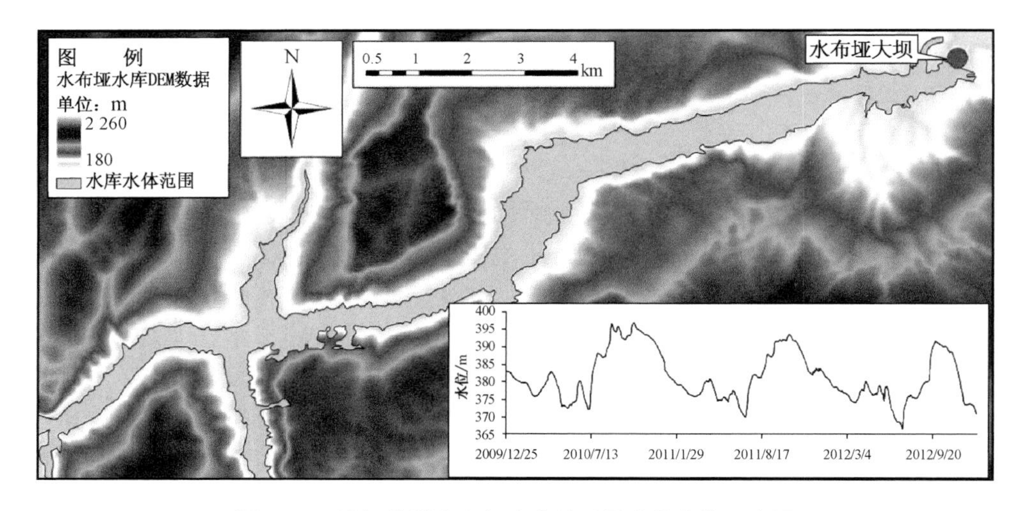

图 3.20　清江流域水布垭水库地形及水位变化示意图

算平均值和标准误差来控制，其他影响因素指标均是同时观测或采样分析得到。观测仪器设备主要有国际上公认的 Picarro G2301 温室气体分析仪、YSI EC300 溶解氧观测仪、HACH 5 系列多参数分析仪、Kestrel 便携式气象观测仪、GPS 导航定位仪等。其中，Picarro G2301 型痕量气体分析仪是国际水电协会推荐的二氧化碳和甲烷浓度分析便携式设备，可以在野外现场使用，容易操作，同时也可以保证数据精度（甲烷测量精度可达到 0.6 ppvb），已经在南极冰川、高原草甸、河流湖泊等各种下垫面广泛使用；Kestrel 便携式气象观测仪用于观测气温等气象要素；YSI EC300 溶解氧观测仪用于观测水体溶解氧和电导率指标；HACH 5 系列多参数分析仪用于观测叶绿素和 pH 指标；水体碳包括溶解有机碳、溶解无机碳、颗粒有机碳、总有机碳和总无机碳等指标，是通过在野外采集水样 600 mL，然后送回实验室，在 48 小时内利用德国元素公司生产的 vario TOC 分析仪燃烧氧化-非分散红外吸收法（依据来源于中华人民共和国国家环境保护标准（HJ501 - 2009））进行分析测试，检测精度为 0.1 mg/L（赵登忠等，2014）。

2）原位观测设备

水气界面交换通量采用静态箱法进行，此种方法在水体表面覆盖一个顶部密封箱体，箱体底部中空，收集表层水体以扩散方式交换的二氧化碳或甲烷气体，根据箱体内待测气体浓度随时间的变化率来计算被覆盖水体待测气体的排放通量。本研究采用的不锈钢浮箱箱体高度为 50 cm，直径为 40 cm，采用不透光不散热的硒膜将箱体覆盖，减少了光线和热量对二氧化碳的影响。采样箱内部装有小型风扇，用以充分混合箱内气体，采样箱上部密封，开有两个小孔，分别连接风扇电源线和采样用气体导管，然后将浮箱放置在水面，通过连接箱体和温室气体测定仪器的硅胶管连续抽取浮箱内气体，输入温室气体测定仪器的内部腔室进行分析，得到浮箱内二氧化碳浓度的时间变化曲线，最后根据曲线变化斜率和箱体规格计算水面交换通量（赵登忠等，2012）。

3）温室气体通量计算方法

水库水气界面温室气体交换通量是指单位时间内单位面积上二氧化碳和甲烷浓度变化量，通量正值表示气体从水体向大气排放，负值表示水体吸收大气中该气体，本研究采用以下通量计算公式（赵登忠等，2014）：

$$Flux[\mathrm{mg/(m^2 \cdot d)}]=\frac{Slope[\mathrm{ppv \cdot s^{-1}}] * F_1 * F_2 * ChamberVolume\,[\mathrm{m^3}]}{ChamberSurface\,[\mathrm{m^2}]} \quad (1)$$

式(1)中，$Flux$ 是水气界面甲烷通量；[ ]中是变量的单位；$Slope$ 是甲烷随时间变化的速率；$ChamberVolume$ 是浮箱的体积；$ChamberSurface$ 是浮箱覆盖水面的面积；F_1 和 F_2 分别是标准温度和气压下[ppv]到 $\mathrm{mg/m^3}$ 单位的转换因子和秒到天的时间转换因子，计算公式如下：

$$\begin{aligned} F_1 &= GasConc \cdot [\mathrm{mg \cdot m^{-3}}] \\ &= \frac{GasConc \cdot [\mathrm{ppv}] * MolecularWeight[\mathrm{g \cdot mole^{-1}}] * Atmp[\mathrm{kPa}]}{8.314\,4\ \mathrm{J \cdot K^{-1} \cdot mole^{-1}} * (273 \cdot 13\mathrm{K}+\mathrm{T})[^\circ\mathrm{C}]} \end{aligned} \quad (2)$$

$$F_2=24[\mathrm{hr}] \cdot 60[\mathrm{min}] \cdot 60[\mathrm{s}]=86\,400\ \mathrm{s \cdot d^{-1}} \quad (3)$$

式(2)中，$GasConc \cdot$ [ppv]是以 ppv 为单位的甲烷浓度；$MolecularWeight$[$\mathrm{g \cdot mole^{-1}}$]是甲烷的摩尔分子质量；$Atmp$[kPa]是浮箱内部气压，用于仪器的气压校正。本书采用的 Picarro G2301 痕量气体分析仪已经具有温度和气压的自动校正功能，但在非连续和气相色谱仪观测中需要手动通过观测相关参数进行手动校正。

3.5.2 二氧化碳温室气体原位监测

1）二氧化碳温室气体平均通量

清江流域水布垭水库二氧化碳平均通量为 472.022±1 189.219 $\mathrm{mg/(m^2 \cdot d)}$，表3.10 为二氧化碳每个月平均通量、标准偏差及其变化范围，由每月标准偏差的大小也可以看出二氧化碳通量的空间变异性。从表中可以看出，水布垭水库在观测期间二氧化碳平均通量在 2010 年 10 月最大，达到 3 740.92±1 872.56 $\mathrm{mg/(m^2 \cdot d)}$，而在 2010 年 7 月和 2012 年 7 月表现为吸收状态，平均通量分别为 −413.0±231.99 $\mathrm{mg/(m^2 \cdot d)}$ 和 −51.79±100.06 $\mathrm{mg/(m^2 \cdot d)}$。从总体上讲，在7～9月气温较高的情况二氧化碳通量并没有表现为较高的排放状态，而是表现出吸收的状态；在气温较低的 10 月二氧化碳通量却表现为较高的释放值，其原因可能是 10 月份已经进行蓄水，水位相对较高，水体中溶解了更多的有机质和无机质。另外根据观测数据，2010 年 10 月的水体溶解氧平均值为 9.07 ±0.62 mg/L，而其他月份均在 2.0～4.0 mg/L 波动，说明在这个月份水体溶解氧更多，导致水体有机质更容易分解释放。

表 3.10　清江流域水布垭水库水气界面二氧化碳通量时空变化表

观测时间	变化范围[mg/(m^2 · d)]	平均值和标准差[mg/(m^2 · d)]
2010 年 5 月	51.28～341.85	158.17±114.09
2010 年 7 月	−3.82～−940.09	−413.0±231.99
2010 年 9 月	46.29～699.24	251.53±211.88
2010 年 10 月	1 328.55～7 341.99	3 740.92±1 872.56
2011 年 3 月	−55.94～405.56	197.06±138.08
2011 年 4 月	244.73～1475.39	714.97±368.03
2011 年 6 月	−6.99～34.96	20.98±13.08
2011 年 8 月	−90.90～−48.95	−60.60±13.08
2011 年 9 月	−69.92～363.60	154.71±137.04
2011 年 12 月	293.68～1 510.35	738.08±398.64
2012 年 4 月	−6.99～167.82	69.92±55.56
2012 年 7 月	−194.23～93.23	−51.79±100.06
2012 年 11 月	326.31～1577.17	1 171.87±452.10

2）水布垭水库二氧化碳通量空间分布特征

为了分析水布垭水库水气界面二氧化碳交换通量不同季节的变化特征，选择 2010 年 7 月、2010 年 10 月、2011 年 3 月、2011 年 12 月分别作为夏季、秋季、春季和冬季的代表月份，由于水布垭水库一般在 9 月底开始蓄水，可能导致大量有机质输入水库水体，因此每年 10 月的观测数据最具代表性。另外，采用克里格空间插值算法对上述四个月份二氧化碳通量观测数据进行插值计算，获取典型季节的空间分布信息，试图探索和理解水库二氧化碳交换通量时空变化规律和产生机制。从以下春夏秋冬不同季节的二氧化碳通量分析可以看出，不同季节水布垭水库二氧化碳呈现出不同的吸收和排放状态，从上游到坝前也表现出规律性的空间分布格局，可为研究水库水体碳循环机制提供重要参考。

图 3.21 为代表夏季的 2010 年 7 月水布垭水库二氧化碳通量观测点分布图，图左上角是每个观测点的观测数据，还包括根据观测点观测数据空间插值获取的二氧化碳通量空间分布信息。从图中可以看出，水布垭水库 7 月二氧化碳在每个观测点均表现为吸收状态，其中观测点 1 和 2 位于坝前，交换通量分别为 −411.77 mg/(m^2 · d)和−202.00 mg/(m^2 · d)，相对其他上游和支流库湾位置

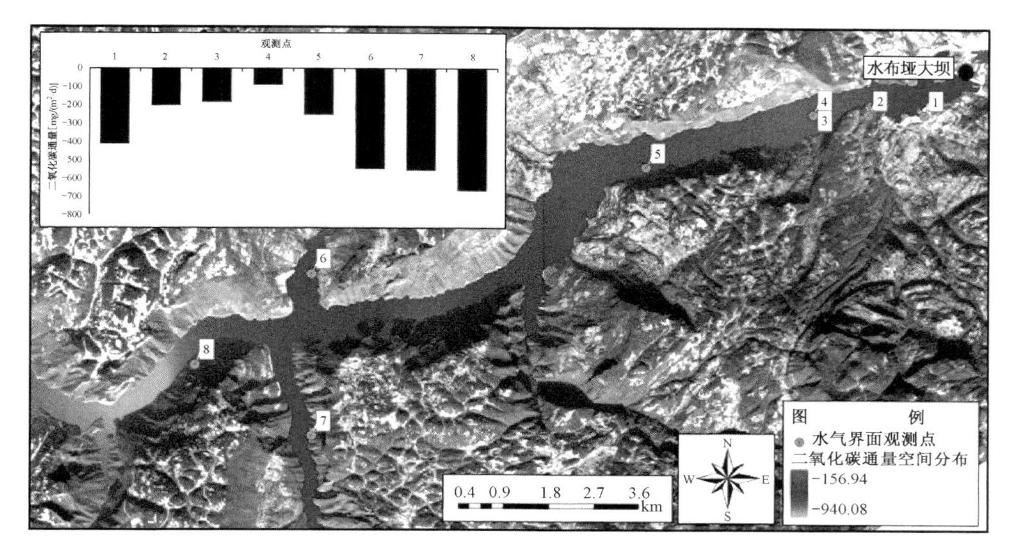

图 3.21 夏季代表性时间 2010 年 7 月清江水布垭水库水气界面二氧化碳交换通量变化

观测点而言较低。观测点 3 和 4 处于水布垭水库较观测点 1 和 2 稍为上游的位置，观测点 4 二氧化碳交换通量为－91.68 mg/(m^2·d)，为最低，其观测时间为 14:28。观测点 6 和 7 处于两个水库支流库湾位置，而观测点 8 位于水库上游，其通量为－668.16 mg/(m^2·d)，为最高值。总体上讲，观测点 7 和 8 二氧化碳交换通量最高，气象条件和水环境观测数据分析表明，两个观测点观测时风速分别为 1.6 m/s和 1.5m/s，在所有观测点中最大，表明风速对交换通量具有显著的影响，加快了空气的运动和扩散；同时发现两个观测点水体表层温度和气温相对较低，也是重要影响因素；另外，观测点 2 位置为典型石质库岸，观测点 4 位置多土质和植被覆盖，水体较浅，但两点二氧化碳交换并没有表现较大的差别，观测点 4 的交换通量值反而较低，两者的观测时间分别为当天的 13 时和 14 时，相差并不大。从空间插值结果分析，水气界面二氧化碳通量从上游到坝前的总体分布趋势是吸收量逐渐降低。观测点 1 和 2 的总有机碳和总无机碳分别是 2.34 mg/L 和 17.27 mg/L，在所有观测点中最高，可能是由于坝前水体积累的输入碳较多，水体已经相对饱和，不能吸收更多的碳，导致在坝前位置二氧化碳吸收量较低，而在上游的情况则相反。

图 3.22 为 2010 年 10 月水布垭水库水气界面二氧化碳 10 个观测点交换通量变化示意图，选择的是秋季代表性月份观测数据，还包括由空间插值获取的水库水体范围内二氧化碳交换通量的空间分布信息。从图中可以看出，二氧化碳交换通量在 2 000 mg/(m^2·d)和7 000 mg/(m^2·d)的范围内变化，均为正值，说明在本次观测

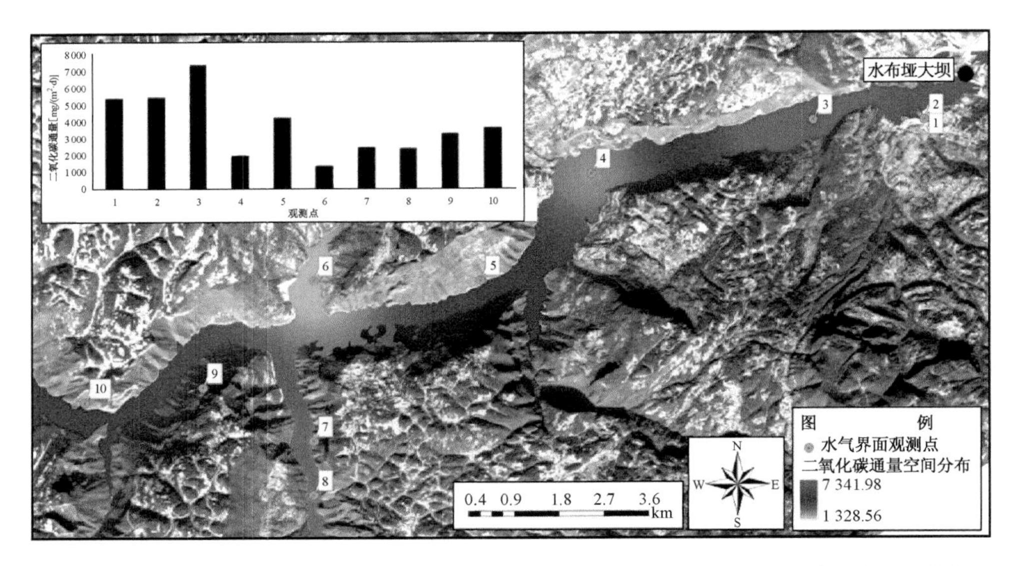

图 3.22 秋季代表性时间 2010 年 10 月清江水布垭水库水气界面二氧化碳交换通量变化

中，水库水体二氧化碳呈排放状态，并且相对于其他月份整体通量较高，总体变化趋势是坝前排放通量较高，而在上游排放通量较低，在 4 号和 6 号观测点其交换通量最小，这两个点分别位于水库干流和支流，气象指标分析表明 4 号观测点观测时气温仅为 9.8 ℃，为所有观测点中最低；同时 4 号观测点水体叶绿素含量仅为 1.92 μg/L，也是所有观测点中最低的。总体上看，观测点 1、2 和 3 处交换通量分别为 5 384.13 mg/(m² · d)、5 454.05 mg/(m² · d)和 7 341.98 mg/(m² · d)，三者的观测气温分别为 10.9 ℃、11.2 ℃和 11.2 ℃，相对于其他观测点较低，其中观测点 1 和观测点 2 观测时水面非常平静，天气为阴天，这可能是导致两点出现高排放量的原因，3 号观测点为最大交换通量，位于靠近大坝位置，但是比更接近大坝的 1 号和 2 号观测点交换通量更高，表明水气界面二氧化碳交换通量不仅与大坝位置有关系，还可能与水库库岸形状及水质条件有关。另外，观测点 6、7 和 8 均处于水库支流库湾，其二氧化碳交换通量分别为 1 328.56 mg/(m² · d)、2 447.33 mg/(m² · d) 和 2 377.41 mg/(m² · d)，相对于其他观测点较低；三个观测点观测时间气温为 11.7 ℃、13.1 ℃和 13.3 ℃，比其他位置观测点高约 1～2 ℃。从空间插值结果来看，水布垭水库二氧化碳通量从上游到坝前的分布趋势是逐渐升高的。

图 3.23 为代表春季的 2011 年 3 月 29 日水布垭水库水气界面二氧化碳交换通量变化及其空间分布情况，从图中可以看出，所有观测点的通量在 −55.93 mg/(m² · d)到 405.56 mg/(m² · d)范围内变化；图中从观测点 3 到观测点 10 分别位于坝前到上游的干流上，观测点 5 和 6 位于水库两个支流库湾上，其

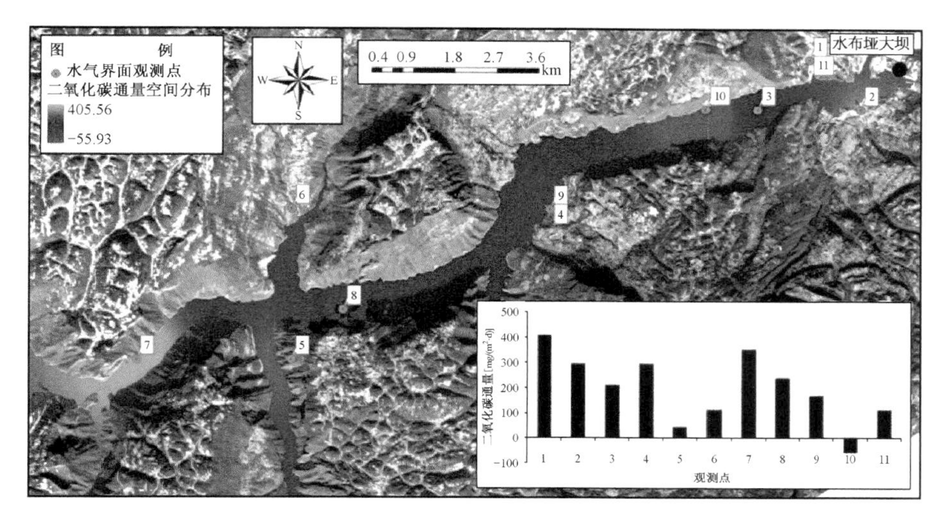

图 3.23 春季代表性时间 2011 年 3 月清江水布垭水库水体水气界面二氧化碳交换通量变化

二氧化碳通量分别是 41.95 mg/(m² · d)和 111.88 mg/(m² · d),在此次春季观测期间属于较低水平上排放。从水库干流上水气界面二氧化碳通量的变化分析来看,其总体变化趋势是坝前和上游较高,而在中游的 10 号观测点上反而出现吸收的现象。通过分析可知,两个支流的二氧化碳通量均在 100 mg/(m² · d)以下,处于较低的排放水平。从空间插值结果来看,二氧化碳通量总体分布趋势是在水库的两个支流库湾较低的排放状态,在干流上除了出现异常的观测点 10 之外,均处于200 mg/(m² · d)到 400 mg/(m² · d)之间的排放范围。

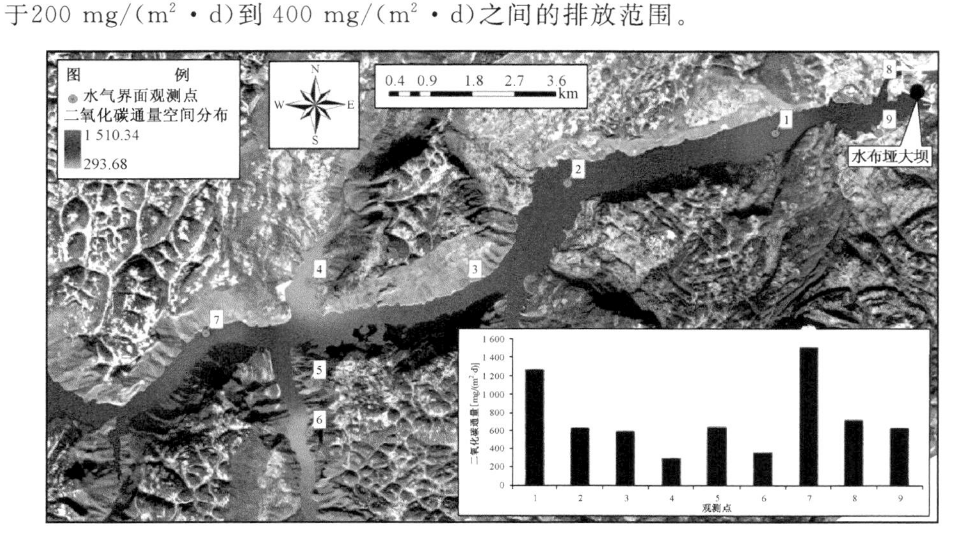

图 3.24 冬季代表性时间 2011 年 12 月清江水布垭水库水体水气界面二氧化碳交换通量变化

图 3.24 为代表冬季的 2011 年 12 月水布垭水库二氧化碳通量观测点空间分布图，图右下角是每个观测点的观测数据，还包括根据观测点观测数据空间插值获取的二氧化碳通量空间分布信息。从图中可以看出，水布垭水库 12 月二氧化碳总体上呈现排放状态，通量分别为 293.68 mg/(m² · d)和 1 510.34 mg/(m² · d)之间变化，相对于刚刚蓄水的 10 月排放水平显著降低，但相比春季的 3 月份仍然较高，可以明显地看出二氧化碳排放水平从 10 月蓄水以后逐渐降低的趋势，直到夏季 7 或 8 月呈现吸收状态。其中，观测点 8 和 9 分别位于水布垭水库坝前两岸，其通量分别是 720.21 mg/(m² · d)和 629.31 mg/(m² · d)，其排放水平接近。观测点 4、5 和 6 分别处于水库支流库湾位置，从图中可以看出三个观测点二氧化碳通量水平相接近，均处在 400 mg/(m² · d)左右，其中观测点 5 的通量水平稍高，可能是由于其位于支流与干流交叉口，水体交换运动较为频繁，导致较高的二氧化碳排出。另外，从水体总碳含量分析结果也可以看出，观测点 5 的总碳浓度为 25.9 mg/L，相对于观测点 4 和 6 均高出 0.5 mg/L。在此次冬季观测实验中，二氧化碳通量水平最高点是位于干流最上端的观测点 7 位置，达到 1 510.35 mg/(m² · d)，其原因可能是由于上游降水带来了大量的泥沙和腐烂植物体，增加了水体碳浓度，其总碳浓度为 26.2 mg/L，溶解总碳浓度为 25.8 mg/L，在所有观测点中均是最高的。另外，观测点 1 的二氧化碳通量也处于较高的排放水平，通过影响分析发现观

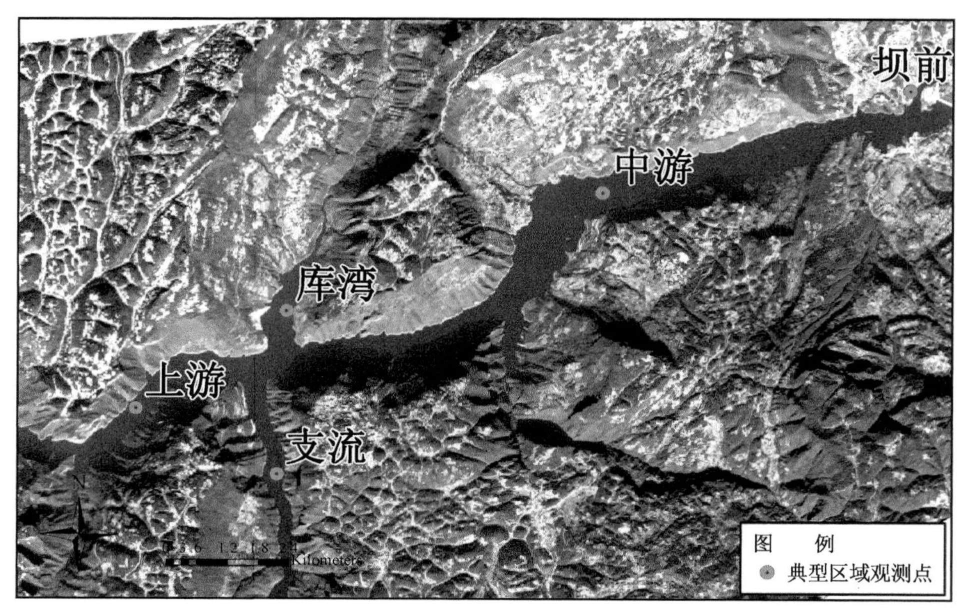

图 3.25 清江流域水布垭水库二氧化碳水气界面通量典型观测点空间分布

测点 1 处的叶绿素浓度与溶解氧浓度水平均比其他观测点高，分别达到 1.26 μg/L 和 5.52 mg/L，在有氧状态下导致更多的水体碳分解为二氧化碳排出，从空间插值结果来看其空间分布模式更加显著。

3）二氧化碳通量时间变化特征分析

为了研究清江水布垭水库水气界面二氧化碳交换通量的时间变化情况，本研究选择了坝前、中游、上游、支流和库湾五个典型观测点（图 3.25），分析本研究观测期间二氧化碳源汇变化情况。图 3.26 为上述五个典型观测点通量时间变化示意图，从图中可以看出 2010 年 7 月份二氧化碳为吸收状态，其他观测月份为排放状态，其中 2010 年 10 月二氧化碳交换通量最高，其他月份水气界面交换通量均在 1 000 mg/(m^2 · d)以下。

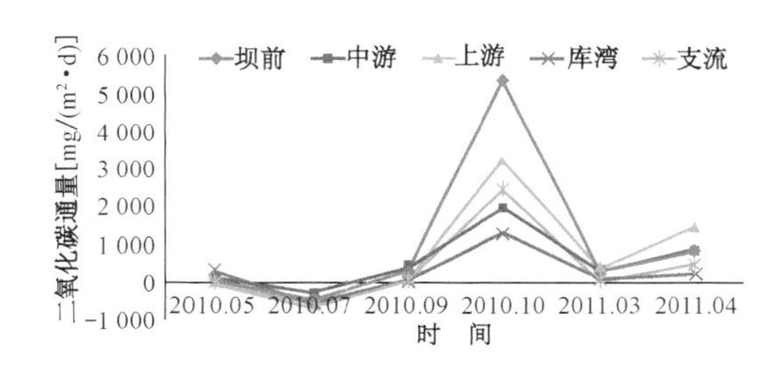

图 3.26　清江流域水布垭水库典型观测点水气界面二氧化碳通量时间变化

4）二氧化碳通量影响因素分析

水库温室气体二氧化碳时空分布特征受到众多因素的影响，其中包括水质参数、水体碳含量和气象条件等重要因素。因此，本研究通过分析这些因素与水气界面二氧化碳交换通量之间的关系，尝试探索水库温室气体交换的内在机制。在观测水气界面交换通量时，同步观测了水温、水体溶解氧、水体叶绿素、水体碳含量、气温、风速等重要水环境和气象因子，其观测位置和时间与交换通量观测点相同。图 3.27 是水布垭水库 2010 年 5 月份到 2011 年 4 月份水气界面交换通量与气温

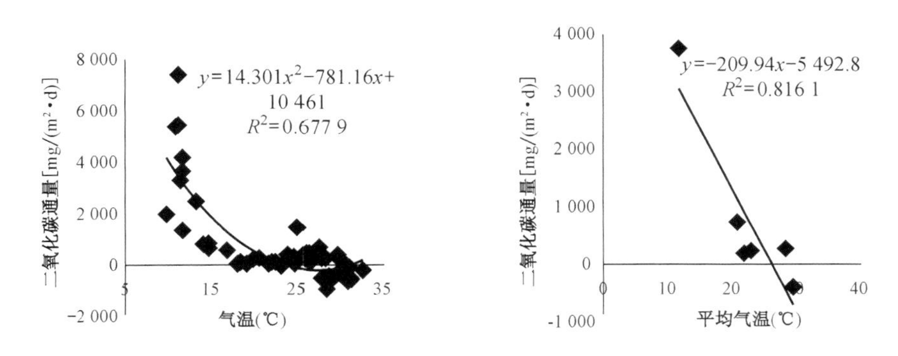

图 3.27　水布垭水库二氧化碳水气界面交换通量与气温之间的关系

之间的关系，其中左图为所有观测点数据，右图为六次观测平均通量和平均气温之间的关系，从图中可以看出，两者的关系呈现负相关关系，其中所有观测点数据相关曲线为二次曲线，但从平均通量与平均气温的关系图中可以看出两者的关系呈现典型的线性负相关关系。从总体上讲二氧化碳通量随着气温的升高而降低，并且随着气温的升高其降低的幅度逐渐减小。

水质因素也是影响二氧化碳通量交换的重要的因素，图 3.28 为水体溶解氧和水体叶绿素之间的关系，图中数据包括所有六次原位观测数据，二氧化碳通量与水体溶解氧和叶绿素的关系也呈现负相关关系，其变化趋势与气温之间的关系相类似。

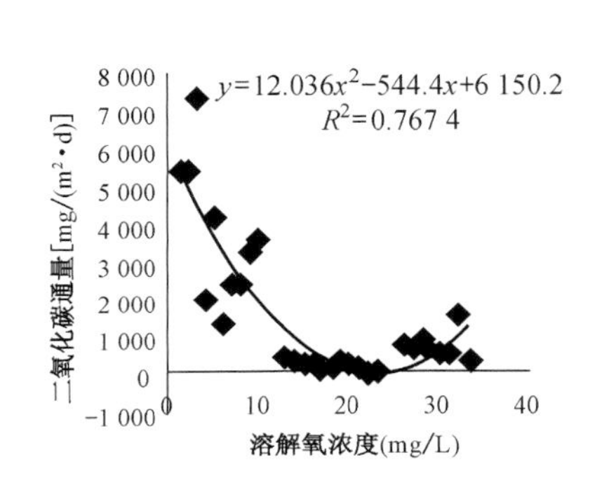

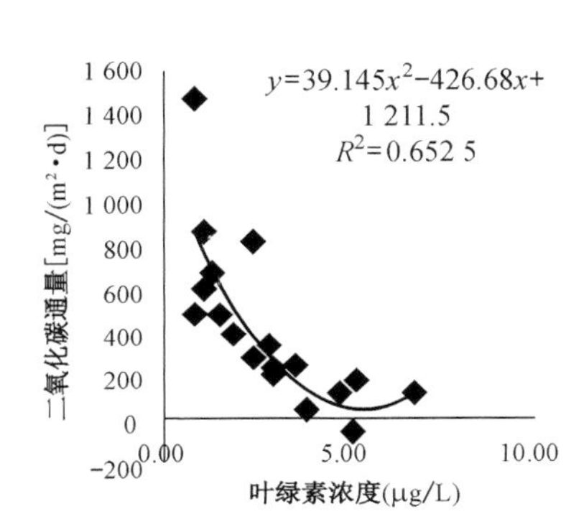

图 3.28　水水布垭水库二氧化碳水气界面交换通量与水质因素之间的关系

图 3.29 是二氧化碳通量与水体碳含量之间的关系，从图中可以看出二氧化碳通量与所有碳存在形式的关系均为正线性相关关系，说明二氧化碳通量在释放状态时随水体碳的升高而变大，在吸收状态下随水体碳的升高其绝对值呈减小趋势。水气界面二氧化碳的交换是一个动态的过程，水体碳含量在很大程度上决定了在总体上是排放还是吸收。从图中可以看出二氧化碳通量与总碳的相关性最大，达到 0.758，而与总颗粒碳相关性最小，仅为 0.034 1。另外，从数量级上看水布垭水体总碳以无机碳为主要成分，有机碳含量较少，二氧化碳通量与水体总无机碳、总溶解碳、溶解无机碳显著相关，而与总有机碳、溶解有机碳、颗粒有机碳的相关关系并不明显，相关系数仅为 0.334 7、0.269 6 和0.118 3，表现为弱相关关系。

通过分析观测实验数据，本书重点研究清江流域水布垭水库二氧化碳水气界面交换通量的时空分布特征，分析了气温、水体叶绿素、溶解氧和水体碳含量等重要因素的影响，获得了 2010 年 5 月份至 2011 年 4 月份期间水布垭水库水气界面二氧化碳平均通量状况，可以得出以下初步结论：

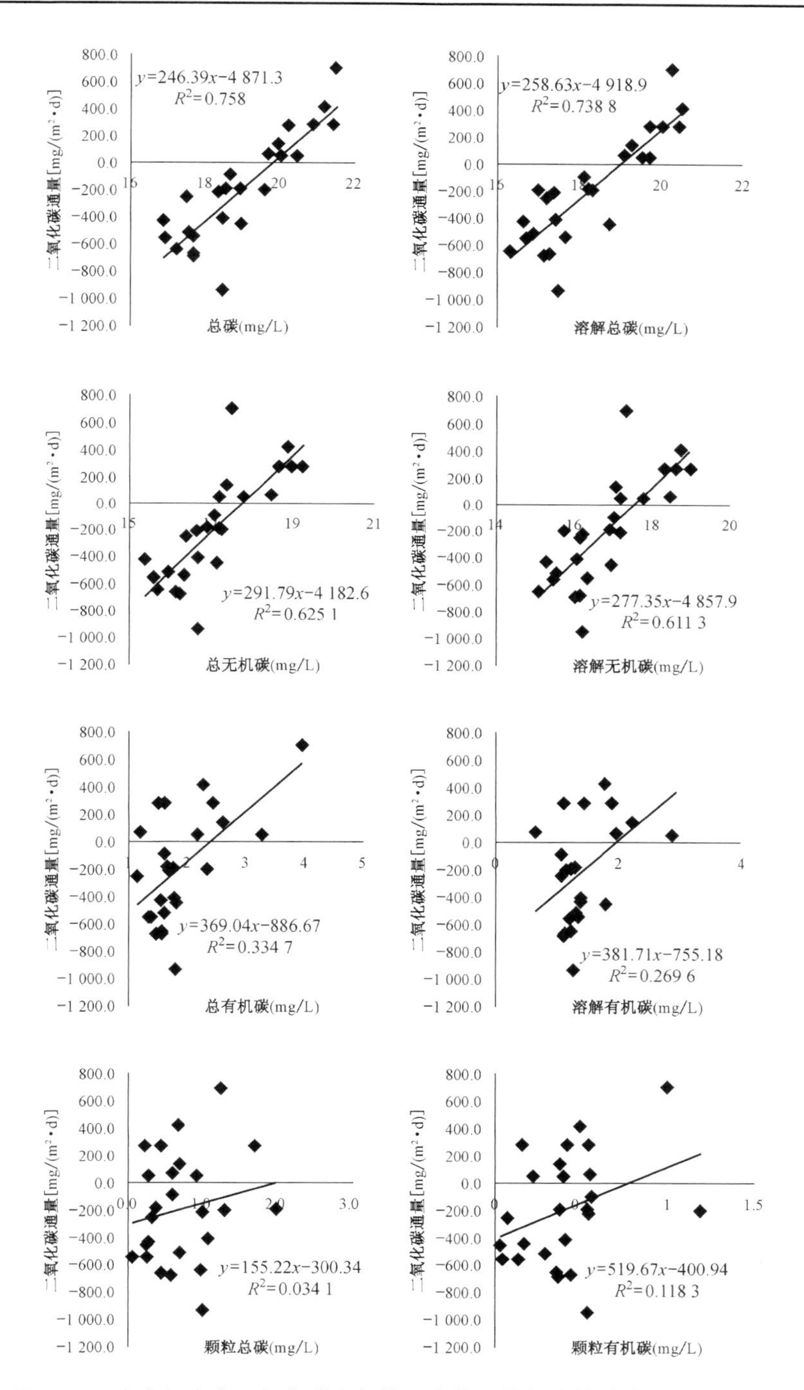

图 3.29 水布垭水库二氧化碳水气界面交换通量与水体碳含量之间的关系

水布垭水库水气界面二氧化碳交换通量具有较大的时空差异性，在排放状态下从上游到坝前逐渐升高，在吸收状态下逐渐降低，时间变化趋势夏天通量较低，而在气温较低时通量较高，总体平均通量为 653.29±1 599.24 mg/(m^2 · d)。其中，2010 年 7 月份水布垭水库水气界面表现为吸收二氧化碳，在 202.0 mg/(m^2 · d) 到 411.77 mg/(m^2 · d)的范围内变化；其他月份均表现为排放状态，其中 2010 年 10 月份水布垭水库水气界面二氧化碳排放量最为突出，最高值达到 7 341.99 mg/(m^2 · d)。另外，水库水气界面二氧化碳交换通量时空分布受到气温、溶解氧、叶绿素以及水体碳含量等重要因素的影响。

3.5.3 甲烷温室气体原位监测

1）甲烷通量空间分布特征

水库甲烷是在水库底部深水厌氧环境下产甲烷菌类分解有机质产生的，这些有机质主要来源于水库消落带淹没森林植被和土壤，其厌氧分解速率基本上服从指数变化规律。甲烷气体在水库底层水体产生后将通过小分子扩散或气泡传输的方式在水气界面释放到大气中，形成甲烷源汇变化格局。由于水体中植物体厌氧分解作用受到溶解氧、水温、水体滞留时间、pH 和气候条件等多种因素的影响，其时空变异模式在不同时间可能将呈现不同的分布格局。因此本书采用不同月份观测数据代表四个季节甲烷通量的空间分布模式，分别选择 2011 年 4 月份代表春季、2011 年 8 月份代表夏季、2010 年 10 月份代表秋季和 2011 年 12 月份代表冬季，其中 2010 年 10 月份也是水库处于蓄水的时间，具有典型的代表意义。为了充分理解每个季节甲烷通量的空间分布情况，采用克里格空间插值算法对每个观测点甲烷通量数据进行空间差补计算，获取水体范围内每个格点的甲烷通量数值。

表 3.11 2011 年 4 月 9 日水布垭水库气象和水质观测参数

观测点	水温（℃）	pH（—）	电导率（μS/cm）	DO（mg/L）	叶绿素（μg/L）	光照度（lx）	气温（℃）	相对湿度（%）
1	13.43	7.81	308.21	3.96	2.44	31 950	14.1	80
2	13.76	7.91	308.13	3.81	1.28	39 110	14.6	82.8
3	13.32	7.81	308.35	3.69	1.11	44 650	14.7	81.4
4	13.71	7.91	308.22	3.69	1.06	60 380	16.8	69.6
5	15.17	7.85	308.92	3.45	1.57	65 350	26.4	35.7
6	15.73	8.02	289.55	3.39	0.81	63 460	26	35.5
7	13.54	7.84	311.29	3.56	0.81	62 550	25.1	48.4
8	16.65	8.08	312.90	3.41	3.55	54 780	27.8	41.4

春季代表性时间 2011 年 4 月 9 日水布垭水库水气界面甲烷通量空间变化情

况如图 3.30 所示,图中本底影像为航空拍摄图像,白色数字标示为 8 个观测点位置,右下角为每个观测点的甲烷通量。从图中可以看出本次观测中春季甲烷总体上呈现排放的状态,在 0.122 mg/(m² · d)到 0.764 mg/(m² · d)的范围内变化,其中位于水库干流的观测点 1～5 甲烷通量均在 0.2 mg/(m² · d)以下,而观测点 6 和 8 位于水布垭水库两个支流和库湾,其变化趋势从坝前到上游是逐渐升高的,尤其是在支流和库湾区域甲烷水气界面通量最高,达到 0.764 mg/(m² · d)。数据分析表明,观测点 6、7 和 8 观测气温分别是 26 ℃、25.1 ℃和 27.8 ℃,光照度分别为 63 460 lx、62 550 lx 和 54 780 lx,相对于其他位置非常高,而三个观测点的溶解氧浓度则相对较低,水体叶绿素浓度较高,尤其是位于库湾位置的观测点 8 处达到 3.55 μg/L(观测参数情况见表 3.11)。因此,位于上游和支流库湾的观测点 6、7 和 8 处甲烷通量较高的原因可能是由于观测时具有较高的气温和水温,水体具有较高的溶解有机质,同时处于相对缺氧的环境下,对于水体溶解甲烷来讲更容易释放,导致此处较高的甲烷通量。

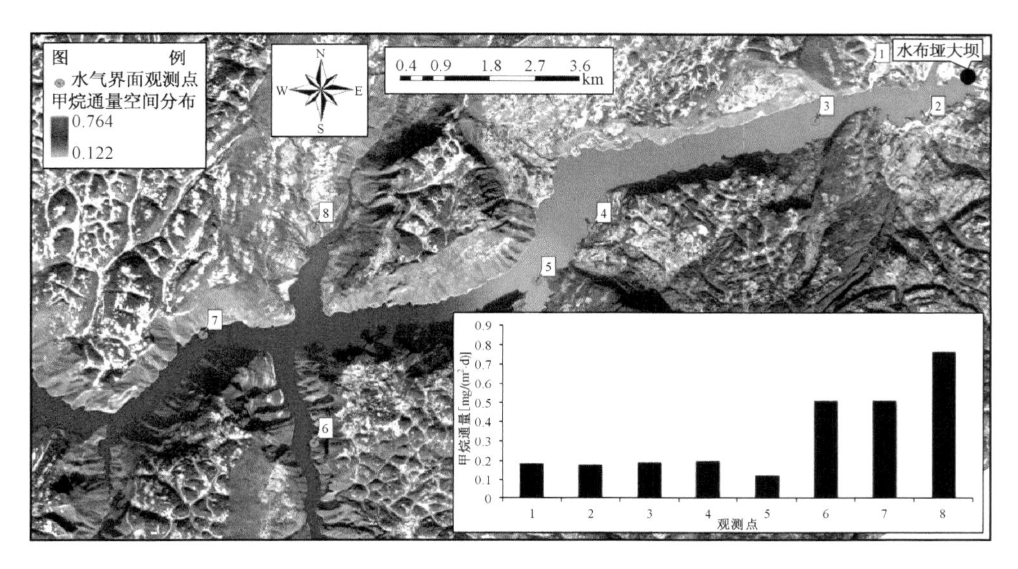

图 3.30　春季代表性时间 2011 年 04 月 9 日水布垭水库水气界面甲烷扩散通量

夏季代表性时间 2011 年 8 月 18 日水布垭水库水气界面甲烷通量空间变化情况如图 3.31 所示,图中本底影像为航空拍摄图像,白色数字标示为 9 个观测点位置,右下角为每个观测点的甲烷通量。从图中可以看出本次观测甲烷总体上呈现排放的状态,并在 0.004 mg/(m² · d)到 0.46 mg/(m² · d)的范围内变化,但其数量级较低,均在1.0 mg/(m² · d)以下,总体变化趋势是从坝前向上到达上游呈现降低的趋势,只有位于支流上的观测点 7 的甲烷交换通量较高,通过影响因素观测数据分析,发现观测点 7 处观测时的风速在所有观测点中最高，达到 3.0 m/s，水体溶解氧浓度为 7.8 mg/L，在所有观测点中相对较低。因此，由于观测点 7 水体具有较低的溶解氧浓度和较高的风速，导致水体甲烷排放较为活跃。而位于水库干流上游的观测点 9 甲烷排放仅为 0.004 mg/(m^2 · d)，几乎可以忽略不计，可能与较高的气温有关。

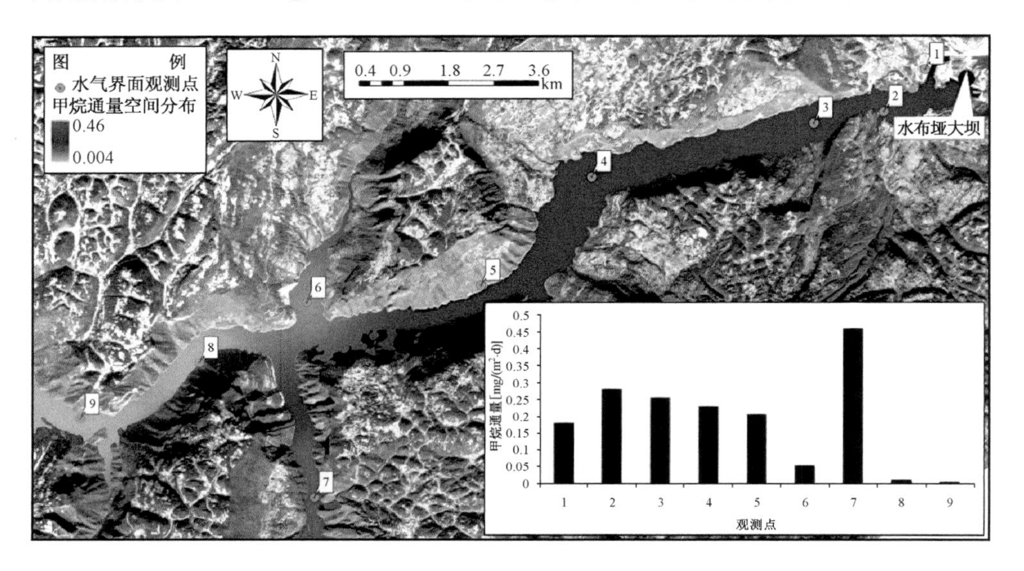

图 3.31　夏季代表性时间 2011 年 8 月 18 日水布垭水库水气界面甲烷扩散通量

秋季代表性时间 2010 年 10 月 26 日水布垭水库水气界面甲烷通量空间变化情况如图 3.32 所示，图中本底影像为航空拍摄图像，白色数字标示为 10 个观测点位置，右下角为秋季每个观测点的甲烷通量变化情况。从图中可以看出水布垭水库秋季甲烷总体上呈现排放的状态，但排放量值非常小，在 0.56 mg/(m^2 · d)到 1.86 mg/(m^2 · d)的范围内变化，总体变化趋势是坝前到上游是逐渐升高的，分析发现与同时期二氧化碳通量的变化趋势相反。其中，观测点 1、2、3、4、5、9、10 依次位于从坝前到上游的干流上，观测点 6～8 位于支流库湾上。由于观测点 1 和 2 均位于坝前位置，两者甲烷通量非常相近，但观测点 3 和观测点 4 的甲烷通量差别较大，其原因可能是因为两者观测时气温差别比较大，分别为 11.2 ℃和 9.8 ℃，另外两者的水体叶绿素含量分别为 3.15 μg/L 和 1.92 μg/L，观测点 4 的叶绿素低很多，两者的其他观测指标相差无几，说明气温和水体叶绿素含量两个指标对此次观测甲烷通量的影响较大。另外，观测点 6、7 和 8 均处于水库支流库湾，其交换通量分别为 0.56 mg/(m^2 · d)、1.35 mg/(m^2 · d)和 1.78 mg/(m^2 · d)，相对于其他观测点较高；三个观测点观测时气温为 11.7 ℃、13.1 ℃和 13.3 ℃，比其他位置观测点高约 1～2 ℃。并且观测点 6 位于水库库湾内，其甲烷通量明显低于支流上的观测点7和8。而同样位支流的观测点7甲烷通量相对于观测点8要低，表明在支流上也表现出干流上同样的空间分布趋势。

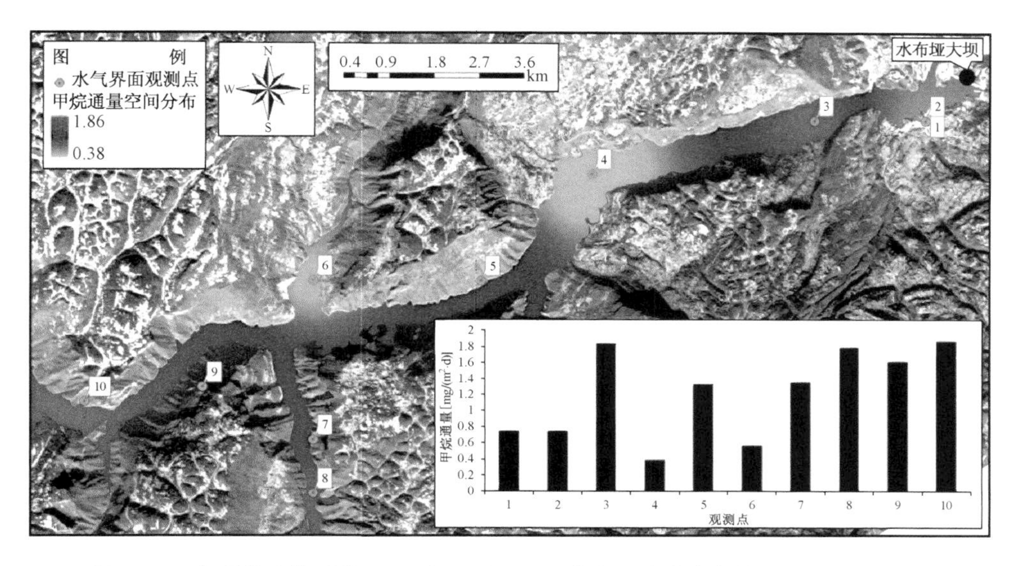

图3.32　秋季代表性时间2010年10月26日水布垭水库水气界面甲烷扩散通量

冬季代表性时间2011年12月13日水布垭水库水气界面甲烷通量空间变化情况如图3.33所示，图中本底影像为航空拍摄图像，白色数字标示为9个观测点

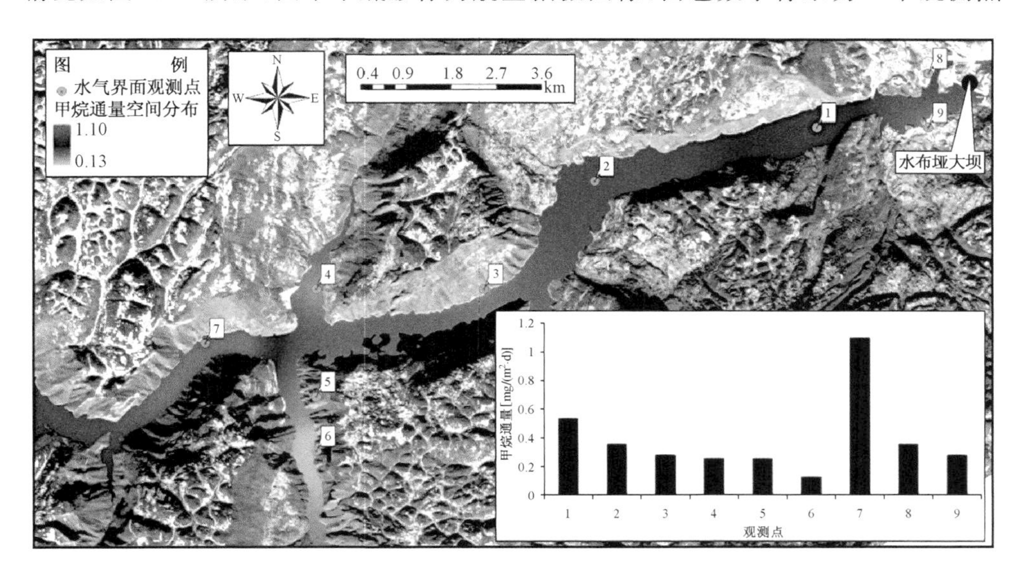

图3.33　冬季代表性时间2011年12月13日水布垭水库水气界面甲烷扩散通量

位置，右下角为冬季每个观测点的甲烷通量变化情况。从图中可以看出水布垭水库冬季甲烷总体上呈现排放的状态，总体上在0.25～1.10 mg/(m^2·d)的范围内变化，但其数量级较低，大部分观测点均在1.0 mg/(m^2·d)以下，总体变化趋势是从坝前向上到达上游呈现降低的趋势，只有位于干流上的观测点7的甲烷交换通量较高，达到12月份观测实验的最高值。通过影响因素观测数据分析，发现观测点7处观测时的风速在所有观测点中最高，达到2.60 m/s，气温为12.60 ℃，水体电导率为277.20 μS/cm，NH_4^+ 离子浓度为0.14 mg/L，均比其他观测点低，其中风速对于甲烷通量具有关键作用，因为观测点7的其他影响因素与其他观测点的差别并不明显，只有风速远远超过其他观测点，导致甲烷排放容易扩散，形成观测点7较高的甲烷排放量。

2）甲烷通量时间变化规律

为了获取水布垭水库甲烷通量时间变化规律，研究方案对原位观测数据进行了统计计算，每个观测时间通量的最大值、最小值、平均值及标准差数据如表3.12所示。从表中可以看出甲烷总体上呈现释放状态，其平均通量为0.684±0.763 mg/(m^2·d)，总体变化范围是−0.02～3.82 mg/(m^2·d)，其中2010年9月份呈现为最大值，达到2.152±1.171 mg/(m^2·d)，2010年10月份次之，甲烷通量为1.218±0.566 mg/(m^2·d)，最小值则出现在2011年3月份，为0.114±0.087 mg/(m^2·d)。从季节方面讲，水布垭水库甲烷通量在秋季最高，达到1.356±0.675 mg/(m^2·d)，而在春季最低，仅为0.206±0.139 mg/(m^2·d)，夏季甲烷平均通量为0.682±0.325 mg/(m^2·d)，冬季平均通量则为0.394±0.285 mg/(m^2·d)。甲烷通量时间变化总体趋势是典型水文年内季节变化较为明显，虽然最高与最低通量仅相差1.15 mg/(m^2·d)，但由于甲烷在大气中的含量相对于二氧化碳低得多，其变化幅度较为可观，但吸收与排放状态之间的互换并不显著，总体呈排放状态且较为平稳。水布垭水库甲烷排放量最高时段出现在秋季9月份或10月份，其原因可能是由于水库蓄水导致水位升高，底层水体溶解氧浓度降低，增加了厌氧环境的程度和范围，有利于深层水体有机质的产甲烷菌类分解。

表3.12　水布垭水库甲烷平均通量情况

观测时间	范围[mg/(m^2·d)]	平均值[mg/(m^2·d)]
2010年9月	0.54～3.82	2.152±1.171
2010年10月	0.38～1.86	1.218±0.566
2011年3月	−0.02～0.295	0.114±0.087
2011年4月	0.122～0.765	0.332±0.233

（续表）

观测时间	范围[mg/(m² · d)]	平均值[mg/(m² · d)]
2011 年 6 月	0.229～1.325	0.832±0.388
2011 年 8 月	0.004～0.459	0.186±0.147
2011 年 9 月	0.013～1.911	0.467±0.603
2011 年 12 月	0.127～1.096	0.394±0.285
2012 年 4 月	0.025～0.25	0.172±0.096
2012 年 7 月	0.57～1.79	1.029±0.439
2012 年 11 月	0.25～1.10	0.698±0.289

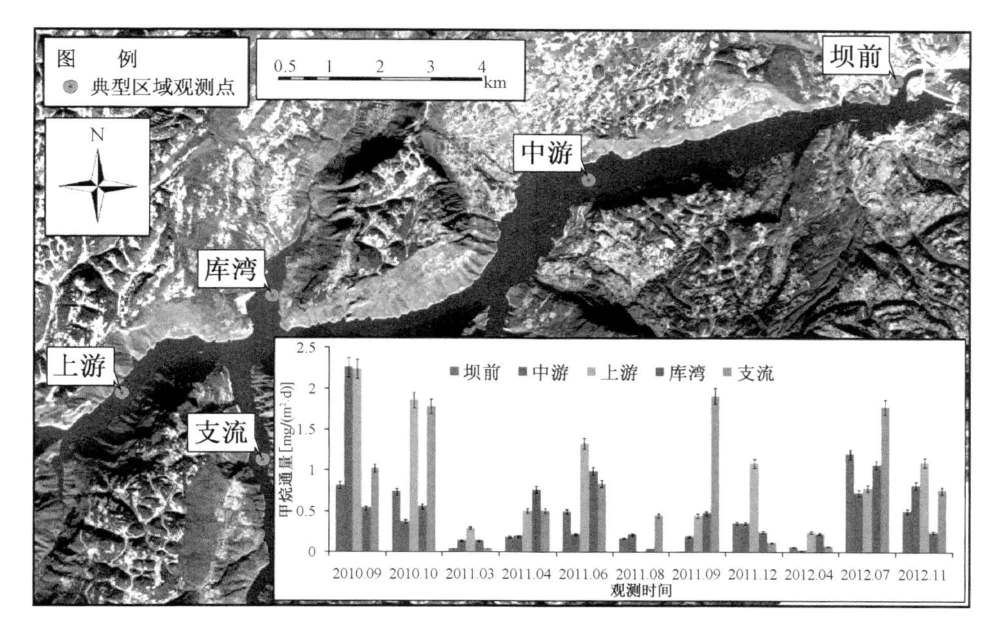

图 3.34 清江流域水布垭水库典型观测点水气界面甲烷通量时间变化

水库甲烷源汇变化受到水库运行特征、水体滞留时间和深度等因素的影响，但影响程度随气候带和水环境的不同而具有较大的差异。为了准确把握甲烷通量在水布垭水库不同典型区域的时间变化，研究方案选择水库坝前、中游、上游、库湾和支流五个具有代表性的区域观测数据进行时间系列分析。从图中可以看出，水布垭水库甲烷在观测期间总体上呈现排放状态，其中上游和支流典型观测点甲烷处于较高的排放通量，分别达到 0.902±0.702 mg/(m² · d) 和 0.845±0.703 mg/(m² · d)，而在坝前典型观测点甲烷排放通量最低通量仅为 0.419±0.379 mg/(m² · d)。从时间变化趋势方面来看，2010 年 9 月份和 10 月份中游、上游和支流典型观测点甲烷排放通量较高，还有 2011 年 9 月份和 2012 年 7 月份支流观测点甲烷也处于较高的排放水平。综上所述，水布垭水库甲烷处于低排放水平的平稳状态，上游和支流相对于坝前观测点呈现较高的排放水平，典型水文年的 9 月份和 10 月份甲烷排放较高。

3）甲烷通量影响因素分析

水库甲烷源汇时空变化受到水库深度、溶解氧、水温、叶绿素和水体碳等因素的影响，水库深层水体有机物在缺氧条件下产甲烷菌将分解产生甲烷，并在向表层水体上升的过程随着溶解氧的增加而逐步被氧化为二氧化碳。根据水布垭水库设计方案及水库管理运行数据，水体深度均在 100 m 以上，已经具备甲烷产生的环境条件，但还受到底层沉积物的影响。因此，研究方案在观测表层水体甲烷通量的同时还观测了水环境理化指标，包括溶解氧、叶绿素、水体温度、电导率、pH 和水体总碳等。然后利用最小二乘法对甲烷通量及各理化指标进行回归分析计算。

图 3.36 可以看出，水布垭水库水气界面甲烷通量与表层水体溶解氧、叶绿素、水体温度和电导率均呈现正相关关系，相关系数最高达到 0.727，但仅与水体温度表现为线性相关关系，而与其他指标则表现为曲线相关。水体甲烷均是在厌氧条件下产生的，但水布垭水库甲烷扩散通量与表层水体溶解氧却呈现正相关关系，该现象对于水库甲烷产生机制也是非常有趣的现象。但由此种现象也可以推断水布垭水库水体溶解氧浓度随深度而逐渐降低。电导率浓度是表示水体离子浓度的重要指标，由溶解在水体的离子种类、浓度和水温等决定，其中离子种类组成取决于流域地质及土壤特征。水库氮、磷等营养盐水平的上升是水库电导率上升的重要因素，电导率的大小变化在一定程度上可反映水库富营养化发生的程度。较高的水体电导率也表明水库水体中氮磷营养盐水平较高，可能将促进水体有机质的分解。

数据分析表明水布垭水库甲烷通量与表层水体电导率表现为正相关关系，表明水体氮磷营养盐可能促进甲烷的产生。另外，水布垭水库甲烷通量与表层水体 pH 的相关关系表现为独特的二次曲线，相关系数达到 0.741，说明甲烷通量首先随 pH 的升高而降低，当 pH 达到 8.5 的拐点时则随 pH 的升高而升高，呈现正相关关系。水体总碳含量是影响水库甲烷排放通量极其重要的影响因素，从图 3.35 可以看出水布垭水库甲烷通量与水体总碳呈现相反关系，这种关系与二氧化碳通量相反，可能是由于在深层水体产生以后在沿水柱上升的过程中，甲烷逐渐被氧化为二氧化碳重新溶解于水体中以溶解碳的形式增加了水体总碳的含量，从而减少了甲烷在水气界面的扩散通量。

水库深层水体有机物是甲烷的来源基础，有机物主要通过水库消落带淹没植被和土壤、流域陆源有机物以及水体浮游植物自生有机物等途径输入。虽然由于水库蓄水的影响，水库水体在水文水动力特征等方面相对于自然河流产生了剧烈

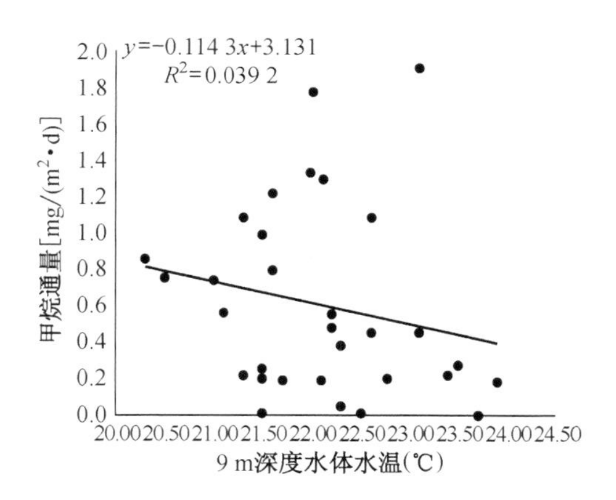

图 3.35　水布垭水库夏季甲烷通量与 9 m 深度水体温度之间的关系

的变化，但这种峡谷型水库水体有机物依然保持着自然河流原有的纵向输移规律，通过以上途径输入的有机物总量可能并没有显著变化，仅仅是改变了有机物输入的时空变化格局。世界其他地区典型温带发电水库甲烷通量为20.0 mg/(m² · d)，典型热带水库甲烷通量为 300.0 mg/(m² · d)，而水布垭水库甲烷通量仅为0.684±0.763 mg/(m² · d)，相对于世界其他地区自然河流和水库而言要低得多，并且具有较为稳定的时空变化特征。另外水体氮磷等营养盐可能也会促进甲烷的排放，因此由水库流域内活跃的人类活动导致的面源污染也是影响甲烷源汇时空变化的重要原因之一。由此可见发电水库甲烷源汇时空变化格局受到自然界和人类活动的双重影响，必须清楚地理解和辨识两者的影响权重才能确定甲烷排放的主要因素和产生机制。

表 3.13　水布垭水库不同深度夏季水温分布情况

观测时间	0.5 m 深度水温(℃)	3 m 深度水温(℃)	9 m 深度水温(℃)
6 月份	24.589	23.133	21.644
7 月份	26.033	25.317	21.433
8 月份	30.267	29.433	23.533

水布垭水库属于深水型水库，在气温较高的夏季往往产生水温分层现象，在垂直方向对物质的传输造成阻隔影响。表 3.13 为水布垭水库在夏季三个月份不同深度水体温度分布情况，从表中可以看出水布垭水库在夏季存在水温分层现象，但由于观测条件限制，本研究只观测到 9 m 深度水温，与水库 100 多米的水体深度相比还明显不足，在未来的观测实验中需要加强，获取水库底层水体水环境信息。为

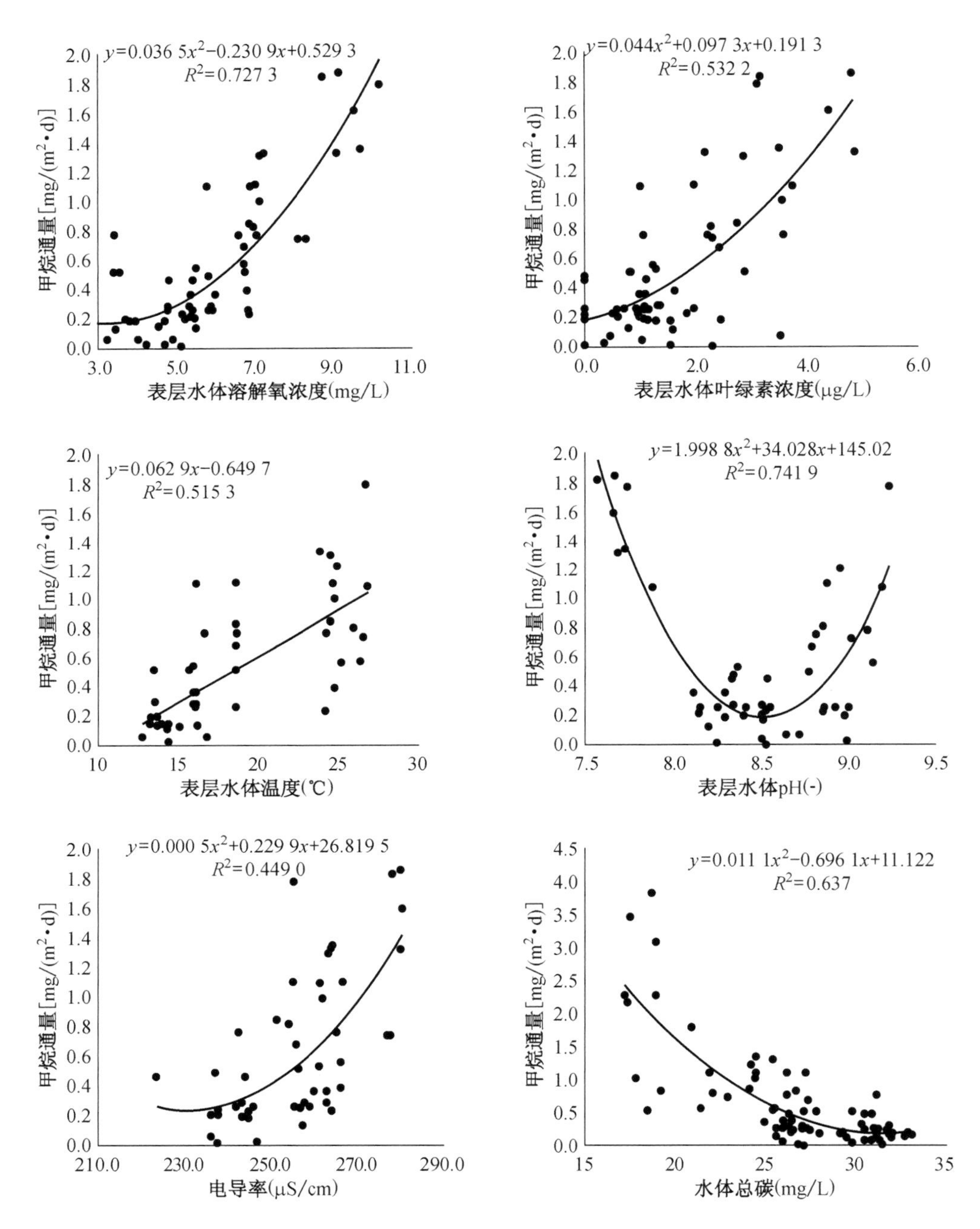

图 3.36　水布垭水库水气界面甲烷通量与其影响因素之间的关系

了分析水温分层现象对甲烷产生机制的影响，本书研究了 0.5 m 深度表层水体和 9 m 深度水体温度与甲烷通量之间的相关关系(如图 3.35 和图 3.36 所示)。从图 3.35 和图 3.36 可以看出，0.5 m 深度表层水体温度与甲烷通量的相关性较强，而 9 m 深度水体温度与甲烷通量的相关性并不显著，说明 9 m 深度水体温度对甲烷的产生与排放并没有影响。但因缺乏水库底层水温数据，上述分析还不能完全说明水库水温分层现象对甲烷排放无任何影响，需要在未来的研究和观测实验中获取更丰富的数据研究两者之间的关系。

为了研究典型发电水库甲烷源汇时空变化规律，研究方案选择清江流域水布垭水库作为典型案例，在 2010 年 9 月份到 2012 年 11 月份期间开展了长期连续的原位观测，通过数据分析可以得到以下初步结论：

(1) 水布垭水库甲烷平均扩散通量为 0.684±0.763 mg/(m^2 · d)，其中 2010 年 9 月份排放量最大，达到 2.152±1.171 mg/(m^2 · d)，最小值则出现在 2011 年 3 月份，仅为 0.114±0.087 mg/(m^2 · d)。

(2) 水布垭水库甲烷通量具有较为明显的季节变化，其中秋季甲烷扩散通量达到 1.356 ± 0.675 mg/(m^2 · d)，而春季则最小，仅为 0.206 ± 0.139 mg/(m^2 · d)。

(3) 水布垭水库甲烷通量空间分布方面，上游和支流典型观测点甲烷处于较高的排放水平，分别达到 0.902±0.702 mg/(m^2 · d)和 0.845±0.703 mg/(m^2 · d)，反而在坝前典型观测点甲烷排放通量是最低的，其通量仅为 0.419 ± 0.379 mg/(m^2 · d)。

(4) 甲烷通量与表层水体溶解氧、叶绿素、水温和电导率呈现显著的正相关关系，而与表层水体总碳和 pH 呈现较为明显的负相关关系，受到自然过程和人类活动的双重影响，还需要在未来的研究中深入开展水体有机物来源辨识和定量估算工作。

3.5.4　水布垭水库消落带土地利用与温室气体源汇变化的遥感分析

1) 遥感数据处理

为了估算水布垭水库蓄水前后消落带土地利用变化、淹没植被生物量等信息，本研究分别采用了 2002 年 5 月 11 日和 2010 年 5 月 1 日获取的 ASTER 遥感数据(图 3.37，图 3.38)，从蓄水前后 ASTER 遥感图像对比可以发现蓄水后淹没了一定面积的植被和土壤，因此本文通过采用遥感分类算法和文献研究结果统计分析了土地利用变化和生物量信息。本研究中，ASTER 遥感图像在进行地表分类和生物量计算前分别进行了几何精校正、大气校正等预处理，几何精校正利用当地 1∶25 万地形图和航空摄影测量数据开展的。遥感图像的大气校正，剔除大气气溶胶等成分对传感器的影响获取地表反射率是最重要的步骤。目前大气校正算法很多，传统的大气校正方法，一般使用辐射传输模型，原理比较复杂，而且需要较多的大气参数且有些参数很难获取，而一般简单的基于灰体理论的大气纠正方法得到的结果与实际反射率相差又比较大。根据遥感影像附带的头文件中的信息，得到传感器接收的相关能量，然后统计得出图像中阴影区暗像元在特定波段对应的DN值，以此为基础得到大气相关参数，然后得到所有波段的大气辐射能量，然后在前面工作的基础上计算出地面目标接收的总能量，最后建立图像每个波段的DN值和地表反射率的对应关系。

图3.37　2002年5月11日清江流域水布垭水库蓄水前ASTER遥感图像示意图

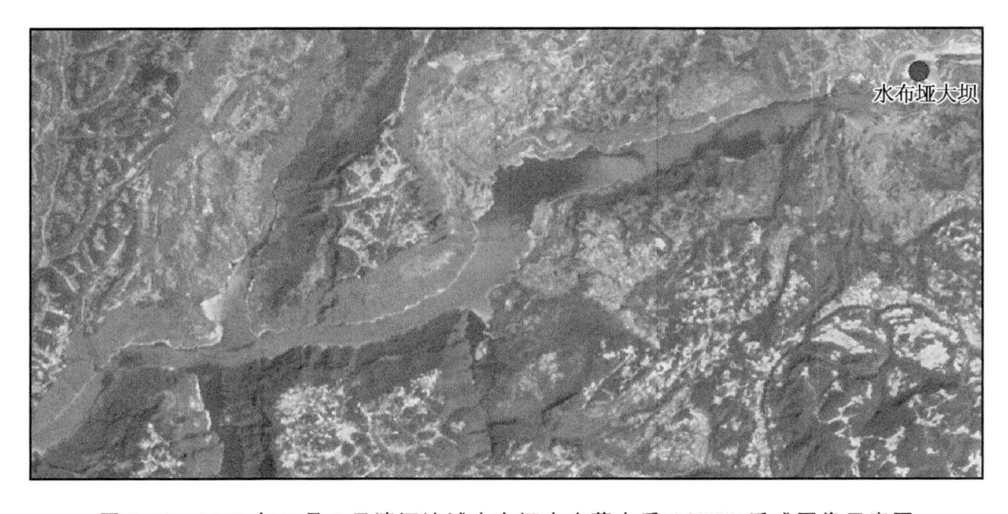

图3.38　2010年5月1日清江流域水布垭水库蓄水后ASTER遥感图像示意图

2）消落带土地利用变化信息获取与分析

遥感分类方法在遥感科学领域已经相对成熟，开发了众多算法，主要包括监督和非监督分类两种，具体有IsoData、K-mean、最大似然法、最小距离法、决策树法、神经网络法和支持向量机法等各种类型方法。支持向量机（Support Vector Machine，SVM）是基于研究小样本情况下机器学习规律的统计学习理论的新的机器学习方法，它以结构风险最小化为准则，对实际应用中有限训练样本的问题，表现出很多优于已有学习方法的性能（惠文华，2006）。在遥感图像的分类研究中，应用SVM分类最大优点是数据无需降维，并且在算法的分类速度、精度等方面都有较好的性能。因此，本研究采用支持向量机法对2002年5月11日ASTER遥感图像进行分类，主要土地利用类型包括阔叶林、草地、灌木林和裸地四大类，分类结果如图3.39，从图中可以看出水布垭水库蓄水前自然河流两岸大部分为阔叶林和灌木林，仅在大坝建设区域有部分裸地。

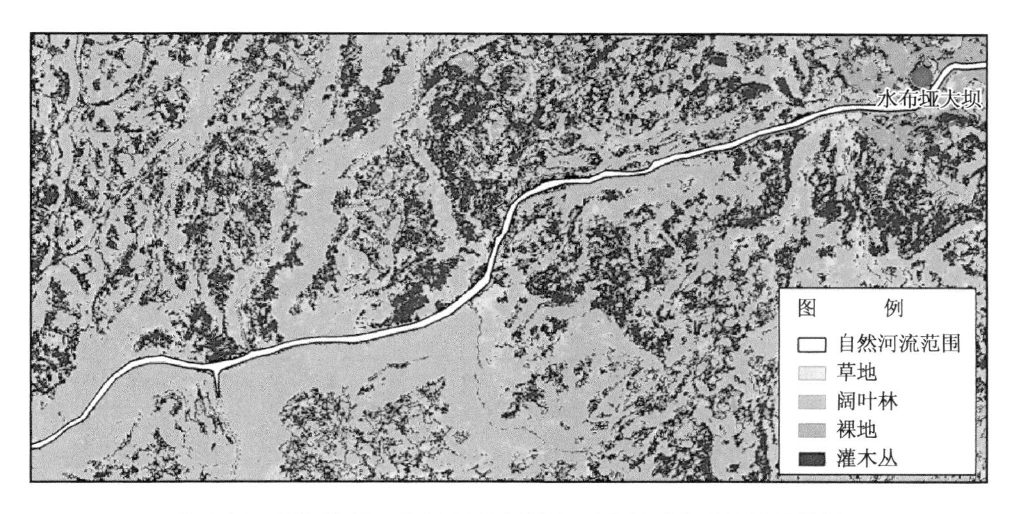

图3.39　清江流域水布垭水库ASTER图像遥感分类结果示意图

3）水布垭水库消落带淹没植被生物量获取

生物量是评估陆地植被有机质含量的重要指标之一，可以由现场调查和遥感方法获取。现场调查可以通过调查树高、胸径、树种等参数计算获取森林的生物量；遥感方法一般是通过遥感图像计算的植被指数，通过建立植被指数与生物量之间的经验关系获取植被生物量的空间分布信息。植被指数按发展阶段可分为三类（田庆久等，1988）：第一类植被指数基于波段的线性组合（差或和）或原始波段的比值，由经验方法发展的，没有考虑大气影响、土壤亮度和土壤颜色，也没有考虑土壤、植被间的相互作用（如 RVI 等）。它们表现了严重的应用限制性，这是由于它们是针对特定的遥感器（Landsat MSS）并为明确特定应用而设计的。第二类植被指数大都基于物理知识，将电磁波辐射、大气、植被覆盖和土壤背景的相互作用结合在一起考虑，并通过数学和物理及逻辑经验以及通过模拟将原植被指数不断改进而发展的（如 PVI、SAVI、MSAVI、TSAVI、ARVI、GEMI、AVI、NDVI 等）。它们普遍基于反射率值、遥感器定标和大气影响并形成理论方法，解决与植被指数相关的但仍未解决的一系列问题。第三类植被指数是针对高光谱遥感及热红外遥感而发展的植被指数（如 DVI、Ts-VI、PRI 等）。这些植被指数是近几年来基于遥感技术的发展和应用的深入而产生的新的表现形式。尽管许多新的植被指数考虑了土壤、大气等多种因素并得到发展，但是应用最广的还是 NDVI，并经常用 NDVI 作参考来评价基于遥感影像和地面测量或模拟的新的植被指数，NDVI 在植被指数中仍占有重要的位置。

表 3.14　三峡库区各种植被类型生物量遥感估算模型（李锦业等，2009）

植被类型	估算模型	R^2
针叶林	Biomass＝－8.117＋76.688 * ARVI＋0.000 1 * RVI	0.616
阔叶林	Biomass＝－158.088－1.450 * band6＋632.514 * ARVI	0.618
针阔混交林	Biomass＝0.5 *（－8.117＋76.688 * ARVI＋0.000 1 * RVI）＋ 0.5 *（－158.088－1.450 * band6＋632.514 * ARVI）	—
灌木林	Biomass＝0.935＋2.987 * VI3－0.319 * VI3^2＋0.014 * VI3^3	0.689
草本植物	Biomass＝179.71 * $NDVI_{max}$ 1.622 8	—

注：其中 ARVI 为大气阻抗植被指数；band6 为 Landsat TM 第 6 波段反射率；VI3 为 Landsat TM 第 6 波段与第 3 波段的比值；NDVI 为归一化植被指数；RVI 为比值植被指数。

李锦业等人于 2003 和 2006 年分别在三峡库区开展了生物调查，获取了 712 个样方数据，研究了三峡库区植被生物量的空间分布状况，利用 Landsat TM 多光谱遥感数据建立了生物量估算模型，如表 3.14 所示（李锦业等，2009）。由于清江流域距离三峡库区非常接近，本研究采用李锦业建立的生物量估算模型，采用 ASTER 遥感数据相应波段计算大气阻抗植被指数（ARVI），然后根据 ARVI 与植被生物量之间的关系获取水布垭水库库区植被生物量。根据 ASTER 遥感数据分类结果，水布垭水库库区只有阔叶林、灌木林、草地和裸地四种地表覆盖类型，因此本研究只利用阔叶林、灌木林、草地的生物量遥感估算模型，裸地统一赋值为 0.1。

本研究应用上述生物量遥感估算模型获取的水布垭水库蓄水前库区植被

生物量的空间分布模式，其中生物量单位为 t/hm²（图 3.40）。通过生物量和土地利用分类结果两者的比较可以看出，每种植被覆盖类型具有显著不同的生物量分布，阔叶林具有最高的生物量，而灌木林和草地生物量比阔叶林稍低，在水布垭水库蓄水后形成的消落带范围内大部分是生物量较高的阔叶林和灌木林两种植被类型。

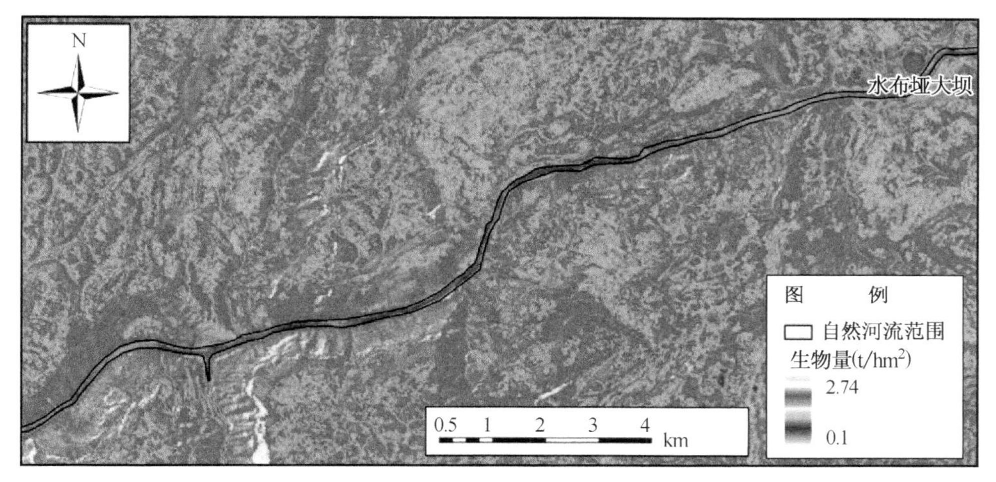

图 3.40　清江流域水布垭水库蓄水前遥感反演植被生物量空间分布图

4）水布垭水库消落带淹没范围获取

为了获取水布垭水库不同水位条件淹没的范围，本研究通过利用水布垭水库实际观测水位数据和 DEM 地形数据，利用 GIS 软件计算在固定水位时的淹没面积。（图 3.41～图 3.44）

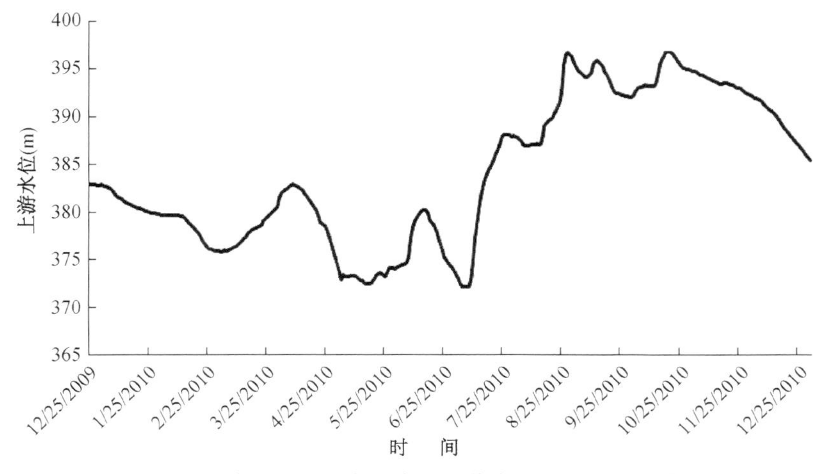

图 3.41　清江流域水布垭水库坝前水位时间变化示意图

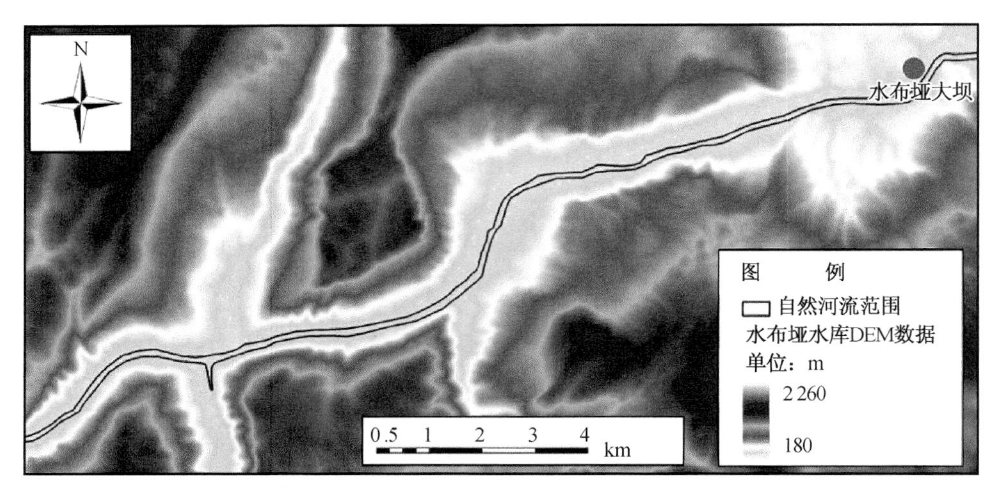

图 3.42 清江流域水布垭水库蓄水前地形数据及自然河流范围示意图

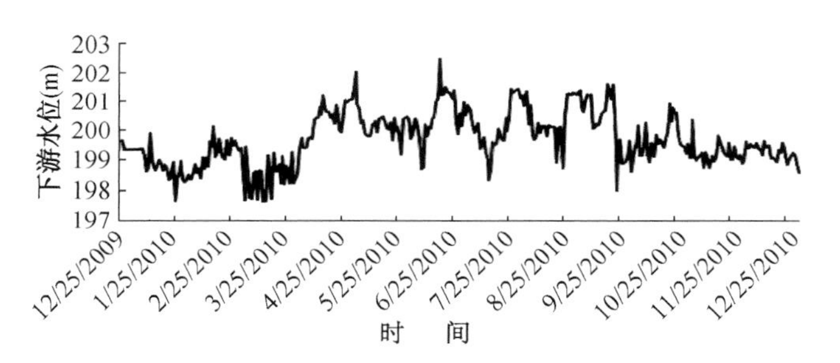

图 3.43 清江流域水布垭水库大坝下游水位变化示意图

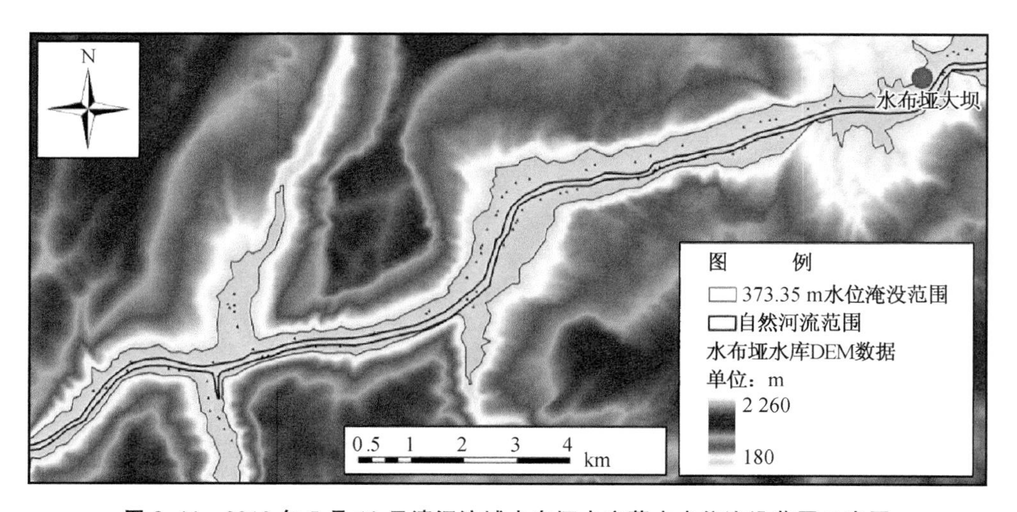

图 3.44 2010 年 5 月 10 日清江流域水布垭水库蓄水水位淹没范围示意图

5）水布垭水库土地利用变化与水气界面温室气体通量关系

根据每次观测期间水位信息，本研究利用地理信息系统软件计算了水布垭水库淹没范围，然后根据水布垭水库库区蓄水前植被生物量的空间分布信息计算淹没植被生物量总量，再减去自然河道淹没部分，得到每次观测期间消落带范围内植被生物量（表 3.15）。从表中可以看出，每次观测由于水位的不同，水库淹没植被生物量也有相应的区别。

表 3.15　水布垭水库消落带淹没生物量与温室气体通量之间的关系

观测时间	水位（m）	淹没总生物量（t）	自然河道淹没生物量（t）	淹没生物量（t）	CO_2 通量 [mg/(m²·d)]	甲烷通量 [mg/(m²·d)]
2010 年 5 月份	373.35	149 592.97	18 247.38	131 345.59	158.17	—
2010 年 7 月份	382.66	158 337.86	18 247.38	140 090.48	−413.00	—
2010 年 9 月份	394.81	170 315.58	18 247.38	152 068.20	251.53	2.52
2010 年 10 月份	395.23	171 402.66	18 247.38	153 155.28	3 740.92	1.22
2011 年 3 月份	390.61	160 225.63	18 247.38	141 978.25	197.06	0.57
2011 年 4 月份	376.25	157 348.91	18 247.38	139 101.53	714.97	3.32

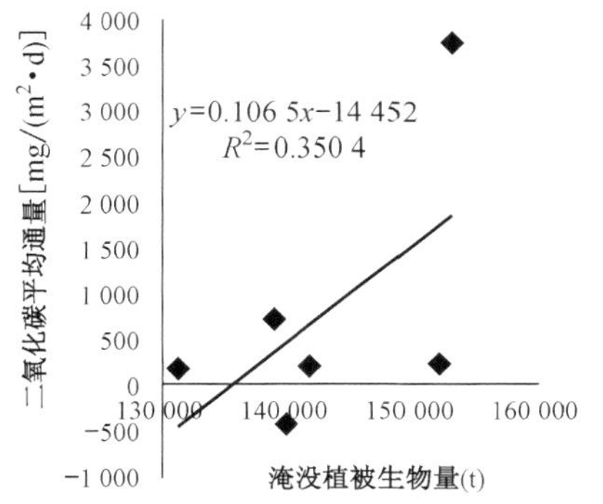

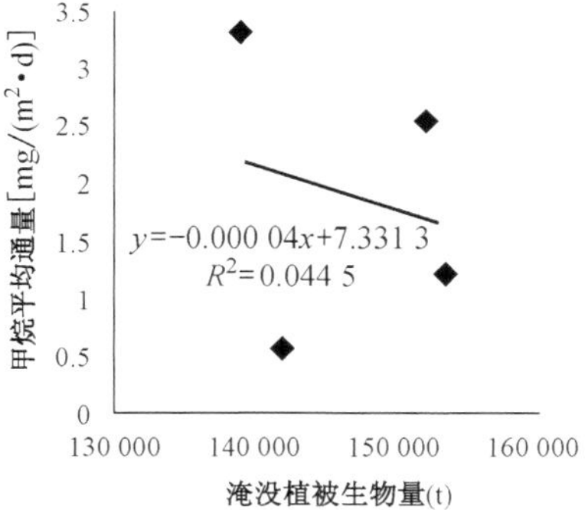

图 3.45　水布垭水库观测时间蓄水后消落带淹没植被生物量与温室气体通量之间关系

图 3.45 为二氧化碳平均通量和甲烷平均通量与淹没植被生物量之间的相关关系示意图，从中可以看出，二氧化碳平均通量与淹没植被生物量存在较弱的正相关关系，相关系数仅为 0.35；甲烷平均通量与淹没植被生物量几乎没有任何相关关系，相关系数仅为 0.044。因此，水布垭水库消落带土地利用变化仅对二氧化碳平均通量有所影响，并且影响不大，而对甲烷平均通量几乎没有任何影响。当然，由于本研究对水库温室气体原位观测的次数较少，还不足以得出非常肯定的结论，还需要在未来的研究中积累数据，分析两者之间的关系。另外，还需要分析消落带内淹没土壤有机质与温室气体平均通量之间的关系，未来还需要考虑水库蓄水前清库工作对研究结果的影响。

第4章 基于物联网的时空连续多元信息获取一体化布局研究

4.1 基于物联网的时空多元信息获取一体化布局技术体系框架和技术步骤

4.1.1 工作框图

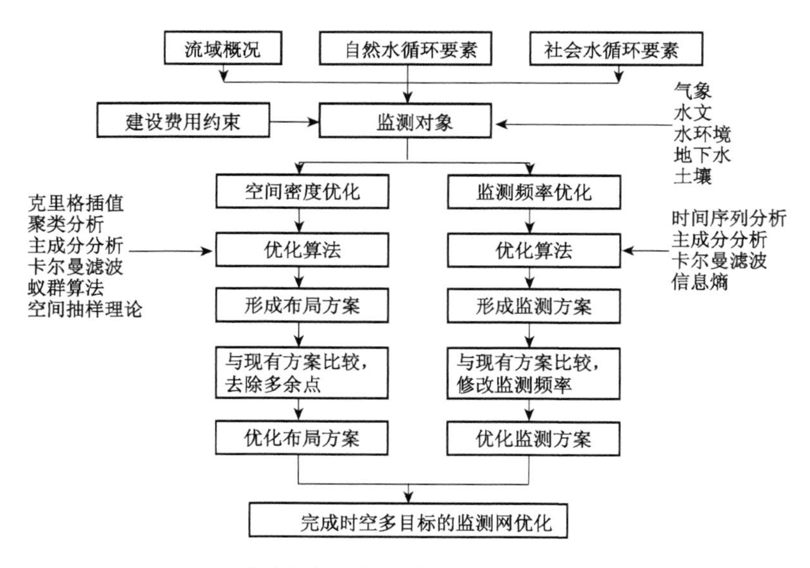

图 4.1 流域时空多元信息获取一体化布局技术流程图

本书对于流域时空多元信息获取一体化布局的研究框架主要分为两部分：空间技术框架和时间技术框架。

首先是收集资料，包括流域概况、自然水循环要素和社会水循环要素，从而确定监测对象。为了实现监测网最优需要建设费用约束条件。从空间方面，先进行空间密度优化，再用克里格插值、聚类分析、主成分分析和卡尔曼滤波等优化算法，形成布局方案，通过与现有方案比较去除多余点，最终形成优化布局方案。

从时间方面，先进行监测频率优化，再用时间序列分析、主成分分析、卡尔曼滤波和信息熵等优化算法，形成监测方案，通过与现有方案比较，修改监测频率，最终形成优化监测方案。结合优化布局方案和优化监测方案，完成时空多目标的监测网优化。

4.1.2　技术步骤

第一步：资料搜集

（1）流域概况：地形地貌、城市、交通、人口等；

（2）自然水循环要素：气象、水文、水环境、地下水、土壤等；

（3）社会水循环要素：水利工程、防汛抗旱、水资源、水土保持、水环境保护、社会经济等。

第二步：优化目标

（1）费用约束：监测网建设费用最低（或监测站数量最少）；

（2）空间约束：监测范围必须覆盖全流域（密度）、流域地形状况、水下地形状况；

（3）精度约束：监测网必须达到的最低精度（频率）。

第三步：监测对象

（1）气象参数（温度、压力、风力、湿度）

表4.1　气象参数

参数类型	数值范围	数值精度	采样频次
温度	−20～80 ℃	0.1 ℃	1～24次/天
压力	0～100 kPa	0.01 kPa	1～24次/天
风速	0～30 m/s	0.1 m/s	1～24次/天
湿度	0%～100 %	0.1 %	1～24次/天

（2）水文参数（水位、流量）

表4.2　水文参数

参数类型	数值范围	数值精度	采样频次
水位	0～1 000 m	0.1 m	1～24次/天
流量	0～100 m^3/h	0.01 kPa	1～24次/天

(3)水环境参数(温度、电导率、溶解氧、pH、叶绿素 a)

表 4.3 水环境参数

参数类型	数值范围	数值精度	采样频次
温度	−20～80 ℃	0.1 ℃	1～24 次/天
电导率	0～100 μS/cm	0.01 μS/cm	1～24 次/天
溶解氧	0～100 mg/L^3	0.1 mg/L^3	1～24 次/天
pH	1～14	0.1	1～24 次/天
叶绿素 a	0～100μg/L	0.1μg/	1～24 次/天

(4) 地下水参数(地下水埋深)

表 4.4 地下水参数

参数类型	数值范围	数值精度	采样频次
地下水埋深	0～1 000 m	0.1 m	1～24 次/天

(5)土壤参数(水分、温度、电导率)

表 4.5 土壤参数

参数类型	数值范围	数值精度	采样频次
水分	0%～100 %	0.1 %	1～24 次/天
温度	−20～80 ℃	0.1 ℃	1～24 次/天
电导率	0～100 μS/cm	0.01 μS/cm	1～24 次/天

第四步:优化方法

(1) 定性分析法:基于具体的气象、水文、水环境和人类活动等综合因素,对监测区域进行空间划分,再通过历史监测数据和知识经验,确定监测网空间分布方案(郭燕莎等,2011)。

(2) 克里格插值法:Kriging 插值法可用于定量评价及优化水位和水质的监测网密度。该方法将 Kriging 插值误差的标准差作为评定监测网密度的标准,其优化过程中仅依赖于监测井的位置、数量和空间布局,与实测值无关,故在优化前可预先设计监测网密度,一个最优的监测网计算的方差应当是最小的(周仰效,李文鹏,2007)。

(3) 时间序列分析法:该方法提供了优化监测频率的定量标准。监测频率的确定取决于趋势特征、周期特征与平稳随机变量的特征。趋势越大,统计检验出趋势的能力就越高,故用低的监测频率即可达到目标;高频率的周期波动必须用高频率的观测才能监测到;平稳随机变量的特征包括时间相关结构与标准差,自相关越高,监测频率应越低;标准差越大,则监测频率应越高。最终,监测这 3 种特征的最大频率值即可作为监测网的最优监测频率(周仰效,李文鹏,2007)。

(4) 聚类分析法:该方法可用于监测网密度的优化设计。聚类分析是研究分类问题的一种多元统计方法。在优化设计中,以监测区的主要水质指标作为变量进行聚类分析,可识别出具有相同或相似水质指标的监测点,从而使得同一聚类中的特征是相近的(可互相替代),不同聚类井间特征是相异的(均予以保留),再结合实际的水文情况,选出有代表性的监测点即可达到优化监测网的目的(张立杰等,1999)。

(5) 主成分分析法:该方法的核心是运用降维的思想将研究对象的多个相关变量(指标)转化为少数几个不相关的综合变量,且能够反映原变量提供的大部分信息,以确保分析结果的准确性。以监测指标为变量进行分析,得到每个监测点的主成分评价值和综合评价值,其中综合评价值越小,说明该监测点所代表的监测区域数据越小,综合评价值越大则说明监测井所代表的监测区域数据越大,需加强监测力度(梁康等,2007)。

(6) 卡尔曼滤波:该方法可用于监测网的密度和频率优化。1978年Wilson基于地下水系统的确定性和随机性提出了用卡尔曼滤波技术来估计地下水系统的确定性和随机性参数。该方法主要是利用所建的模型模拟每个备选方案,并与设定的临界值比较,以获得最少的监测点和监测次数(仵彦卿,2000)。

(7) 信息熵:该方法可用于地下水位、水质监测网的密度优化。信息熵是信号通讯理论中用来评价随机信号所含信息量大小的基本概念之一,以随机信号出现的概率大小作为其量化的标准,若概率大,则因确定性成分多而信息量小,即所含的信息量与发生的概率成反比关系。此外,信号间还具有可传递性、相关性以及衰减性等特征,这些特点也同样出现在河流系统中,所以反映其动态信息的监测网可看成一个信号通讯网络,故用信息熵等相关概念来对其进行描述和评价是合理的(陈植华等,2001)。

(8) 蚁群算法:蚁群算法是受自然界中真实蚁群集体行为的启发而提出的基于群体的模拟进化方法之一,是解决长期监测网优化问题的一种随机搜索算法。其基本原理:蚂蚁在寻找食物的过程中,会在路径上留下一种称为信息素的物质,个体能够感知这种物质的存在和强度,且倾向于朝强度高的方向移动。这样短的路径由于信息素挥发得少而留存的多,使得浓度较强,吸引蚂蚁访问的频次就增加,久而久之,具有较强信息素路径就构成一条从蚁巢到食物源的最短路径。监测网中的冗余信息相当于蚁群算法中的信息素,所找到的最短路径也就相当于冗余信息最多的路径,故该路径上的节点即为冗余井。二者具有极高的相似性(王戈等,2009)。

(9) 空间抽样理论:基于现有监测网的历史数据和对监测区域的经验知识,设定适当的分辨率,并用该值进行网格化,则所有的网格即构成总体,随后在其中进行抽样。对于均质或随机区域，将已有历史数据作为预抽样样本，计算出预抽样均值和方差，随后根据设定的期望方差即可得到一个满足输入条件和精度的随机抽样方案；对于非均质区域（也就是受水文、地质、气象或土地类型等因素影响较大的区域），则基于各种影响因素进行分层，使得每个区域的特点相似，然后再基于上述方法，同样可得到一个随机抽样方案，最后将其与现有监测网布局比较，确定一个可行方案（王劲峰等，2009）。

（10）遗传算法：遗传算法（Genetic Algorithm）是模拟达尔文生物进化论的自然选择和遗传学机理的生物进化过程的计算模型，是一种通过模拟自然进化过程搜索最优解的方法。遗传算法是从代表问题可能潜在的解集的一个种群（population）开始的，而一个种群则由经过基因（gene）编码的一定数目的个体（individual）组成。每个个体实际上是染色体（chromosome）带有特征的实体。染色体作为遗传物质的主要载体，即多个基因的集合，其内部表现（即基因型）是某种基因组合，它决定了个体形状的外部表现。因此，在一开始需要实现从表现型到基因型的映射即编码工作。由于仿照基因编码的工作很复杂，往往需进行简化，如二进制编码，初代种群产生之后，按照适者生存和优胜劣汰的原理，逐代（generation）演化产生出越来越好的近似解，在每一代，根据问题域中个体的适应度（fitness）大小选择（selection）个体，并借助于自然遗传学的遗传算子（genetic operator）进行组合交叉（crossover）和变异（mutation），产生出代表新的解集的种群。这个过程将导致种群像自然进化一样的后生代种群比前代更加适应于环境，末代种群中的最优个体经过解码（decoding），可以作为问题近似最优解（杨丽娟，2011）。

（11）模拟退火算法：将热力学的理论套用到统计学上，将搜寻空间内每一点想象成空气内的分子，分子能量是它本身的动能，而搜寻空间内的每一点，也像空气分子一样带有“能量”，以表示该点对命题的合适程度。演算法先以搜寻空间内一个任意点作起始，每一步先选择一个“邻居”，然后计算从现有位置到达“邻居”的概率（周平，2007）。（表 4.6）

表 4.6 多种方法优缺点的比较

方法	适用情况	优 点	缺 点
定性分析法	监测密度优化	利用多元信息	定性，非定量评价
克里格插值法	监测密度优化	仅与监测位置、数量和布局相关	未考虑水文信息，其优化不一定具有代表性
时间序列分析法	监测频率优化	利用数据间的自相关和互相关信息	只能进行时间域和频率域优化，未考虑水文信息

（续表）

方法	适用情况	优　点	缺　点
聚类分析法	监测密度优化	分类合理、操作简单	无法进行定量化评价
主成分分析法	监测密度优化	减少监测指标数量	无法定量研究变量和样本间关系
卡尔曼滤波	监测密度、频率优化	同时考虑时间域和频率域特征	考虑因素多，复杂，难以实现
信息熵	监测密度、频率优化	基于信息的相似度分析，减少主观成分	不适合于时间序列少的情况
蚁群算法	监测密度优化	全局随机优化算法，具有并行性	搜索时间长，易出现停滞现象
空间抽样理论	监测密度优化	可根据不同条件生成不同方案	需要根据经验确定分辨率大小
遗传算法	监测密度优化	全局优化算法，具有并行性	迭代次数较多
模拟退火算法	监测密度、频率优化	分类合理、操作简单	迭代次数较多

第五步：布局方案

系统性分析流域相关数据资料，基于时空多目标的优化要求，利用相应的时空域、频率域优化算法，形成时空多目标的监测网一体化布局方案。

从监测对象上看，数字流域物联网信息获取对象要分为陆地（水上）和水下。针对不同的监测对象，优化布局方法所需要重点考虑的因素略有不同，因此需要分别分析。

4.2　基于物联网的时空多元信息获取一体化布局的陆地（水上）优化方法

时空多元信息获取一体化布局的陆地优化方法主要考虑陆地（水上）范围内的地形地貌、水利工程、居民地、道路交通等控制性因子，而不需要过多地分析陆地（水上）范围内以外的各种因子。其中，最为核心的控制性因子是区域地形地貌状况和河流水系分布。

4.2.1　区域覆盖理论

从理论上看，陆地（水上）优化方法的核心是区域覆盖问题，即如何对传感器网络节点进行优化布局，以达到网络覆盖质量最优、网络覆盖范围最大、部署节点数最少及提供可靠的网络连通性的目的。如图4.2所示，区域覆盖在保证网络内节点间的可靠通信的前提条件下，以部署区域中被节点覆盖为目标，尽可能减少所需节点数，从而降低网络成本。要求部署区域内的每一点至少被一个传感器节点所覆盖，以实现目标区域覆盖最大化（李明，2011）。根据区域内目标的覆盖程度，前者又可分为1-覆盖和K-覆盖（$K \geqslant 2$）。其中，K-覆盖的算法保证区域内所有的目标被K个传感器节点同时覆盖。

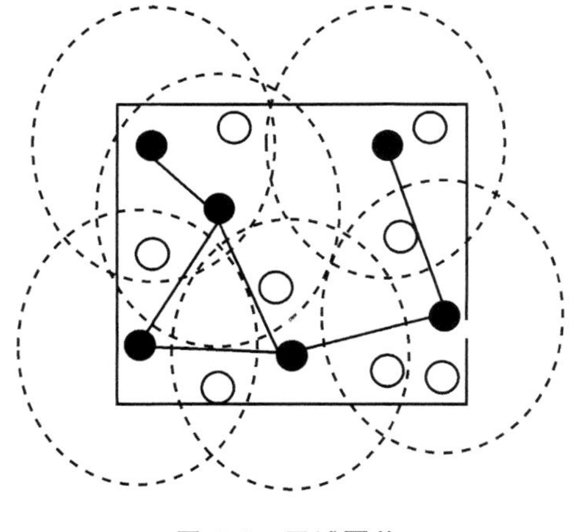

图 4.2　区域覆盖

假定监测区域S为二维平面，被离散化为N个栅格，每个栅格的面积为1，有K种不同类型的传感器节点，其感知半径（r_{ks}）和通信半径（r_{kc}）已知，且$r_{ks} > 2r_{kc}$（$k=1, 2, \cdots, K$），保证网络在充分覆盖时总是连通的。每种类型的传感器节点的成本为C_k（$k=1, 2, \cdots, K$）。在保证覆盖和容错性的前提下，使得网络成本最低的形式化描述为：

$$\min \sum_{i=1}^{N} \sum_{k=1}^{K} c_{ik} x_{ik}$$

$$\text{s.t.} \sum_{i=1}^{N} \sum_{k=1}^{K} a_{ik} x_{ik} \geqslant b_j \quad j = 1, 2 \cdots, N$$

$$\sum_{k=1}^{K} x_{ik} \leqslant 1 \quad i = 1, 2, \cdots, N$$

$$x_{ik} = \{0,1\} \quad i = 1,2\cdots,N; \quad k = 1,2,\cdots K$$

其中决策变量

$$x_{ik} = \begin{cases} 1 & \text{在栅格 } i \text{ 放置的传感器节点；} \\ 0 & \text{其他情况。} \end{cases}$$

式中，变量c_{ik}表示在栅格i放置类型为k的传感器节点的成本；a_{ik}表示栅格i放置类型为k的传感器的通讯覆盖度的要求；b_j表示对栅格j覆盖度的要求，其值取决于应用需求。上式保证一个栅格内至多只能布设一个传感器节点。

一般地，地表区域覆盖理论的实现方法有：以流域水系单元为划分（如河流分水岭）、以社会行政管理单元为划分（如省市县三级行政区划）、以地形地貌单元为划分（如秦岭、淮河等），以气候特征为划分（如气温、降雨）。

4.2.2 布尔模型

布尔模型也称0-1模型，在该模型中，节点的感知范围是以节点为圆心、最大感知距离为半径的圆，即若目标出现在该圆区域内，则一定能被该节点检测到（值为1），否则，无法检测到（值为0）（李明，2011）。

为简化计算，以栅格的重心代表此栅格。栅格 i 与栅格 j 之间的欧氏距离（b_{ij}）即为两栅格重心之间的距离。在布尔传感模型中，b_{ij} 取非负整数。一般地，为保证网络的健壮性和容错性，$b_{ij}>1$，当均匀覆盖时 b_{ij} 为常数。

4.2.3 模拟退火法

模拟退火法（Simulated Annealing，简称SA）最早是由N. Metropolis等人于1953年提出，在当时没有受到重视。直到Kirkpatrick于1953年提出蒙特卡罗模拟的概念并将此概念应用于随机搜索技巧解决组合优化问题时，才使此演算法受到重视。模拟退火是一种非线性反演方法，它是一种定向的蒙特卡罗（Monte Carlo）搜索过程，是在一规定的搜索区间内生成随机的一套模型并计算理论值与实测值的吻合度，并且其后的迭代步骤将逐步生成其吻合度逐渐提高的新模型，直到该吻合度满足精度要求为止。

模拟退火算法可以分解为解空间、目标函数和初始解三部分（李明，2011）：

（1）解空间

优化问题的所有可能解的集合构成了解空间，它限定了初始解选取和新解产生的范围。解空间中的可能解分为满足约束条件的可行解和不满足约束条件的不可行解。为了使得解空间只包含可行解的集合，可以通过约束条件构造可行解；也可允许解空间包含不可行解，采用最优化理论中的罚函数方法约束不可行解的出现。

（2）目标函数

它是指所关心的目标（某一变量）与相关的因素（某些变量）的函数关系，是对所关心的目标的数学描述，通常以多个优化目标的和式或集合（多目标优化问题）形式表达。目标函数的选取要有助于问题的全局优化，而不仅仅局限于本地优化。例如当解空间包含不可行解时，通常采用在目标函数增加一罚函数项，以便将一个有约束的优化问题转化为无约束问题。并且，目标函数式运算不能太复杂，以便有利于在模拟退火算法优化过程中简化计算以增强算法的性能。

（3）初始解

它是算法开始迭代的起点。好的初始解会得到质量高的最终解。有研究表明，模拟退火算法的最终解并不依赖于初始解，它是一种“鲁棒性强”算法。

模拟退火算法新解的产生和接受可分为如下四个步骤（赵刚，2008）：

第一步是由一个产生函数从当前解产生一个位于解空间的新解；为便于后续的计算和接受，减少算法耗时，通常选择由当前新解经过简单地变换即可产生新解的方法，如对构成新解的全部或部分元素进行置换、互换等，注意到产生新解的变换方法决定了当前新解的邻域结构，因而对冷却进度表的选取有一定的影响。

第二步是计算与新解所对应的目标函数差。因为目标函数差仅由变换部分产生，所以目标函数差的计算最好按增量计算。事实表明，对大多数应用而言，这是计算目标函数差的最快方法。

第三步是判断新解是否被接受，判断的依据是一个接受准则，最常用的接受准则是 Metropolis 准则：若 $\Delta t' < 0$ 时接受 S' 作为新的当前解 S，否则以概率 $\exp(-\Delta t'/T)$ 接受 S' 作为新的当前解 S 。

第四步是当新解被确定接受时，用新解代替当前解，这只需将当前解中对应于产生新解时的变换部分予以实现，同时修正目标函数值即可。此时，当前解实现了一次迭代。可在此基础上开始下一轮试验。而当新解被判定为舍弃时，则在原当前解的基础上继续下一轮试验。

使用模拟退火算法求解组合优化问题时，目标函数值 f 用内能 E 表示，温度 T 变成控制参数 t，模拟退火算法的算法实现过程为：由初始解 f 和控制参数初值 f 开始，对产生的中间解反复执行"产生新解→计算目标函数差→接受或舍弃"的操作，并逐渐减小控制参数 t 的值，算法执行完毕时获得的解，即为组合优化问题近似最优解。模拟退火过程由冷却计划表(Cooling Schedule)控制。

模拟退火算法求解组合优化问题的主要步骤为(周平，2007)：

① 初始化：初始温度 T(充分大)，初始解状态 S(是算法迭代的起点)，每个 T 值的迭代次数 L；

② 对 $k=1,2,\cdots,L$ 做第③至第⑥步；

③ 产生新解 S'；

④ 计算增量 $\Delta t'=C(S')-C(S)$，其中 $C(S)$为评价函数；

⑤ 若 $\Delta t'<0$ 则接受 S' 作为新的当前解，否则以概率 $\exp(-\Delta t'/T)$ 接受 S' 作为新的当前解；

⑥ 如果满足终止条件则输出当前解作为最优解，结束程序。终止条件通常取为连续若干个新解都没有被接受时终止算法；

⑦ T 逐渐减少，且 $T\to 0$，然后转第②步。(图 4.3)

模拟退火算法计算程序为：

```
Procedure TSPSA：
begin
init-of-T；{T 为初始温度}
```

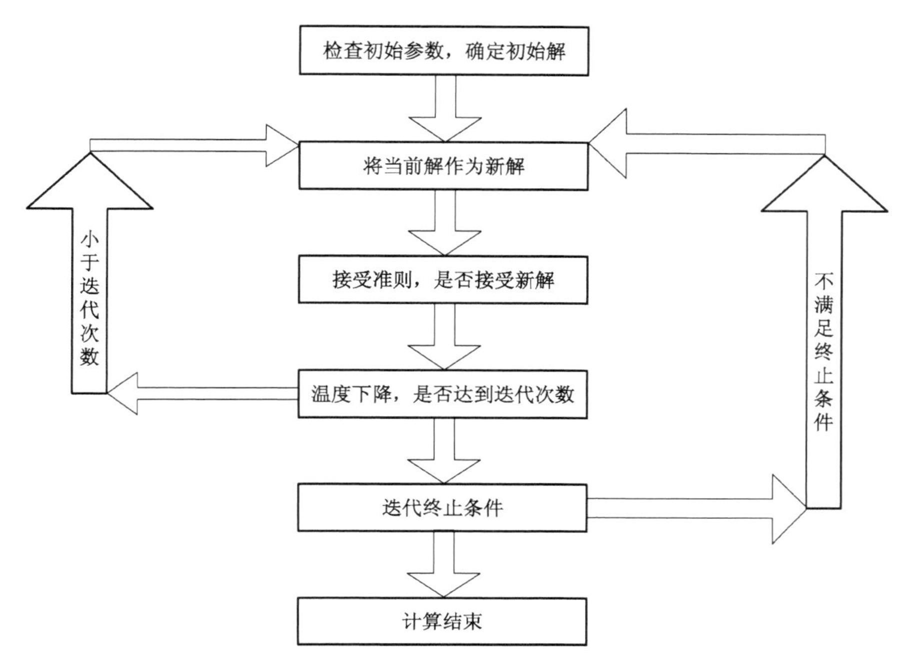

图 4.3　模拟退火运算过程

```
S={1,……,n};{S为初始值}
termination=false;
while termination=false
  begin
  for i=1 to L do
  begin
    generate(S' form S); {从当前回路S产生新回路S'}
    Δt:=f(S')-f(S);{f(S)为路径总长}
    IF(Δt<0) OR (exp(-Δt/T)>Random-of-[0,1])
    S=S';
    IF the-halt-condition-is-true then
    termination=true;
  End;
  T_lower;
 End;
End
```

4.3 基于物联网的时空多元信息获取一体化布局的水下优化方法

时空多元信息获取一体化布局的水下优化方法主要考虑河道范围内的河流形状、水下地形、水体本身特性(水位、流量、水质)等控制性因子,而不需要过多地分析河道范围内以外的各种因子。本书提出了两种水下优化方法。

4.3.1 基于遗传算法的河流局域监测无线传感器节点分布优化方法

1) 问题的提出

我国幅员辽阔、环境复杂、江河众多、南北差异较大,对河流流域水文数据进行采集和管理是一项非常重要的基础性工作,各江河管理部门每年都投入了大量人力、物力以完成水文数据的采集和整理工作。尤其是近年来随着经济的发展,自然环境遭受了极大程度的破坏,水污染日益严重,采取现代化监测手段构建流域监测传感器覆盖网,以完成水文数据的实时采集和汇总十分重要。

目前对于流域水文数据采集,比较常见的方法是在流域内特定位置设置人工监测或设备监测点,并定期收集水文监测数据,然后再集中进行存储、分析和管理利用。近年来,随着检测技术的发展,已经推出了若干可以对流域水文数据进行实时在线监测的电子设备,并且借助通信技术,通过构建传感器通信网络可以实现对流域水文监测数据的远程传输。然而,就目前流域水文数据采集监测点的设置方法,其对于水文数据采集监测点的设置仍然是根据历史经验进行点状分散式布置的,并没有依据监测点流域特征以及监测点设备运行成本、环境干扰等其他因素进行综合分析而形成合理、科学、完备的流域监测传感器覆盖网。因此为了进一步提高流域水文数据的监测和覆盖能力,需要建立一种能够覆盖河流流域的监测传感器覆盖网。考虑到流域水文环境复杂,还需要根据监测点流域特征、监测点传感器网络数据传输范围、各种监测传感器使用成本以及可能存在的干扰因素等进行综合分析,对流域监测传感器覆盖网分布进行合理优化。

目前,通过公开文献可以查阅到关于传感器覆盖网优化方法相关的方法申请以及学术期刊论文,包括公开号为 CN 101459915 的方法"基于遗传算法的无线传感器网络节点覆盖优化方法"、公开号为 CN 103237312A 的方法"一种无线传感器网络节点覆盖优化算法";刘玉英等发表于《传感技术学报》2009 年第 6 期的"一种基于遗传算法的无线传感器网络节点优化方法"(刘玉英等,2009);张石等发表于

《东北大学学报(自然科学版)》2007年第4期的“无线传感器网络中移动节点的分布优化问题”(张石等，2007)；雷霖等发表于《电子科技大学学报》2009年第2期的“基于遗传算法的无线传感器网络路径优化”(雷霖等，2009)，以及吕广辉等发表于《微型机及应用》2010年第15期的“一种基于遗传算法的无线传感器网络覆盖模型”(吕广辉等，2010)。虽然上述两项方法申请及四篇公开期刊文献提出了有关无线传感器网络节点覆盖优化方法以及网络路径优化方法，但就该方法本身其旨在如何解决在一定范围内部署无线传感器时的网络覆盖及路径优化问题，评判方法优劣的标准为是否实现了对要部署区域的覆盖率，或是在区域内是否实现了无线传感器网络传输路由，其所涉及的研究及方法内容并没有涉及如何利用监测点流域特征、监测点传感器网络传输范围、各种监测传感器使用成本以及可能存在的干扰因素等进行传感器覆盖网的综合分析、优化。因此，上述研究成果及方法内容并不能应用于流域监测传感器覆盖网的综合分析、优化工作。

虽然上述方法申请及公开文献给出了一种在一定区域内进行无线传感器布局覆盖优化方法，但就流域监测传感器覆盖网而言，由于流域水文环境复杂，传感器覆盖网优化更多考虑的是流域内不同监测点的不同流域特征、监测点传感器网络数据传输范围、各种监测传感器使用成本差异，以及可能存在的不同程度的干扰因素等，与上述两项方法申请所专注的重点是不一致的，并且目前在流域水文监测领域尚未出现有关传感器覆盖网优化方法的方法报道。

目前对于河流流域水文数据监测，比较常见的是在河流周边特定位置设置若干监测点，然后采取人工监测或是设备监测的方式，定期收集所需要的水文数据，然后再集中进行分析。近年来，随着检测技术及无线传感器技术的发展，已经出现了若干可以对河流流域水文数据进行实时在线监测的电子设备，并且借助无线通信技术，通过构建无线传感器网络实现对河流流域水文数据的监测和远程传输。

根据河流局部区域水文数据监测的需要，考虑到局部水文环境过于复杂，并且在监测节点小范围内，水文数据具有一致性的特点，以及监测节点所监测采集到的数据要能反映河流局部区域水文环境的全貌，各监测节点所采集到的数据要具有典型性的要求，提供了一种基于遗传算法的河流局域监测节点分布优化方法。

基于互联网的时空连续多元信息获取一体化布局技术研究提出了一种基于遗传算法多目标优化的流域监测传感器覆盖网优化方法(冯心玲等，2009)。使用遗传算法多目标优化将河流流域监测传感器覆盖网优化问题转化为0/1多目标规划问题，通过染色体的遗传、交叉及变异等遗传算法操作，并通过监测传感器覆盖网适应度值的比较最终实现监测传感器覆盖网的优化选取。采用了多个评估指标对监测传感器覆盖网适应度进行加权评估，分别是“监测节点流域特征系数”“监测节点传感器网络传输范围系数”“监测节点传感器使用费用系数”和“监测节点环境干扰系数”，这可以供决策者根据河流流域监测传感器覆盖网布局的需要，灵活调整指标权重，从而提升算法的适应性。

2）引入遗传算法

本书选用遗传算法构建一种河流局域监测无线传感器节点分布优化方案。遗传算法优化方法的具体过程包括：

（1）优化问题描述，针对河流局部区域监测无线传感器节点分布的需要，假设在局域内按网格状均匀分布 N 个无线传感器水文数据采集节点。

（2）遗传算法参数初始化，并对染色体进行第一代编码，这里采用二进制随机编码方式，0 表示不使用传感器，1 表示使用传感器，则对于 N 个无线传感器生成长度为 N 的二进制串，如下式所示：

$$X = [x_1, x_2, \cdots, x_N] \quad x_i = \{0, 1\}$$

计算每个染色体的适应度，适应度函数为：

$$f(X) = w_1 f_1(X) + w_2 f_2(X) + w_3 f_3(X)$$

$$f_1(X) = \frac{1}{N(S^*)} \sum_{S_j \in S^*} (v_{S_j} - \bar{v}_{S^*})^2$$

$$f_2(X) = \frac{1}{N(S^*)} \sum_{S_j \in S^*} (u_{S_j} - \bar{u}_{S^*})^2$$

$$f_3(X) = \frac{1}{N(S^*)} \sum_{S_j \in S^*} (p_{S_j} - \bar{p}_{S^*})^2$$

其中，f_1 表示水位分布差异率；f_2 表示流速分布差异率；f_3 表示水质分布差异率；$S = \{S_1, S_2, \cdots, S_N\}$ 表示无线传感器节点集合；$S^* = \{S_j \mid x_j = 1\}$ 表示 S 的子集；$N(S^*)$ 表示 S^* 的大小；v_{S_j}，u_{S_j}，p_{S_j} 分别表示对应传感器节点位置的河流水位、流速和水质；$\bar{v}_{S^*}$，$\bar{u}_{S^*}$，$\bar{p}_{S^*}$ 分别表示对应所有使用传感器节点位置的河流平均水位、平均流速和平均水质；w_1、w_2 和 w_3 分别表示 f_1、f_2 和 f_3 的权重。

（3）对计算后的适应度进行排序，并按比例选取最优解。

（4）按照轮盘赌方法，选择染色体到下一代染色体群体。

（5）对下一代染色体群体执行交叉、变异操作，这里采用多点交叉和均匀变异。

（6）如果满足终止条件，则结束，否则回到计算适应度步骤继续进行计算。

3）方法实现

节点分布优化模型的问题描述如下：假设在河流局部区域按网格状均匀分布 N 个无线传感器水文数据采集节点，传感器节点集合为 $S = \{S_1, S_2, \cdots, S_N\}$，这里可以分别计算在开启或者关闭该传感器节点的情况下，对所有开启的传感器节点所采集到的水文数据的差异性进行评估，选取最能反映局部区域水文环境全貌的开启传感器组合作为节点分布最优组合。

采用遗传算法作为工具，对河流局域监测无线传感器节点分布优化问题进行智能计算求解，并将节点分布优化问题转化为一个 0/1 规划问题，以求得在假设网格状分布的众多无线传感器节点中实际选择布置哪一些，在保证能够反映河流局部水文环境全貌的情况下，只需要在若干位置布置最少的无线传感器节点。

将河流局部区域按网格状均匀分布 N 个无线传感器水文数据采集节点，按照遗传算法基本理论进行二进制染色体编码，即 N 个节点编码为长度为 N 的二进制串，如下式所示：

$$X = [x_1,\ x_2,\cdots,\ x_N] \quad x_i = \{0,1\}$$

其中，$x_i = 0$ 表示不使用该传感器，$x_i = 1$ 表示使用该传感器。

分别计算每个染色体编码的适应度函数值来评价群体中的每个染色体的适应值。在河流局域监测无线传感器节点分布优化问题中，采用了“水位分布差异率”“流速分布差异率”和“水质分布差异率”三个指标，分别反映了河流局部区域内各采集节点水文数据的差异性，差异越大说明对水文环境全貌的反映程度越高。

采用 f_1 来表示水位分布差异率，采用 f_2 来表示流速分布差异率，采用 f_3 来表示水质分布差异率。对于传感器节点集合 $S = \{S_1, S_2, \cdots, S_N\}$，$S^* = \{S_j \mid x_j = 1\}$ 表示 S 的子集情况下，f_1、f_2 和 f_3 的定义式分别为：

$$f_1(X) = \frac{1}{N(S^*)} \sum_{S_j \in S^*} (v_{S_j} - \bar{v}_{S^*})^2$$

$$f_2(X) = \frac{1}{N(S^*)} \sum_{S_j \in S^*} (u_{S_j} - \bar{u}_{S^*})^2$$

$$f_3(X) = \frac{1}{N(S^*)} \sum_{S_j \in S^*} (p_{S_j} - \bar{p}_{S^*})^2$$

其中，$N(S^*)$ 表示 S^* 的大小；v_{S_j}，u_{S_j}，p_{S_j} 分别表示对应传感器节点位置的河流水位、流速和水质；$\bar{v}_{S^*}$，$\bar{u}_{S^*}$，$\bar{p}_{S^*}$ 分别表示对应所有使用传感器节点位置的河流平均水位、平均流速和平均水质。通过分别计算 f_1、f_2 和 f_3，可以计算染色体最终的适应度值为：

$$f(X) = w_1 f_1(X) + w_2 f_2(X) + w_3 f_3(X)$$

其中 w_1、w_2 和 w_3 分别表示 f_1、f_2 和 f_3 的权重，并且 $w_1 + w_2 + w_3 = 1$。另外，

由于 v_{s_j}，u_{s_j}，p_{s_j} 的量纲不同，这里在计算过程中需要将其进行归一化操作，即转化到[0,1]区间。经过上述运算即可以得到最终的染色体适应度 f，该值越大，表示所对应的节点分布方案越优。

采用轮盘赌选择下一子代群体，并采用多点交叉和均匀变异算法对群体中的染色体进行改变。

轮盘赌即选择染色体 i 的概率和染色体的适应度值成正比，适应度较高的染色体被选择的可能性较高，并能够在下一子代中重复出现。

多点交叉的做法是，产生长度为 N 的随机二进制序列，基于该随机二进制序列选择交叉点，为1的位置上交叉，为0的位置上不交叉。假设 N 的大小为20，并且交叉之前的两个染色体分别为：

$$X_1 = [x_1^1,\ x_2^1,\ \cdots,\ x_{20}^1]$$
$$X_2 = [x_1^2,\ x_2^2,\ \cdots,\ x_{20}^2]$$

产生的随机二进制序列为[00101100010101110100]，则交叉产生的两个新染色体为：

$$X'_1 = [x_1^1, x_2^1, x_3^2, x_4^1, x_5^2, x_6^2, x_7^1, x_8^1, x_9^1, x_{10}^2, x_{11}^1, x_{12}^2, x_{13}^1, x_{14}^2, x_{15}^2, x_{16}^2, x_{17}^1, x_{18}^2, x_{19}^1, x_{20}^1]$$
$$X'_2 = [x_1^2, x_2^2, x_3^1, x_4^2, x_5^1, x_6^1, x_7^2, x_8^2, x_9^2, x_{10}^1, x_{11}^2, x_{12}^1, x_{13}^2, x_{14}^1, x_{15}^1, x_{16}^1, x_{17}^2, x_{18}^1, x_{19}^2, x_{20}^2]$$

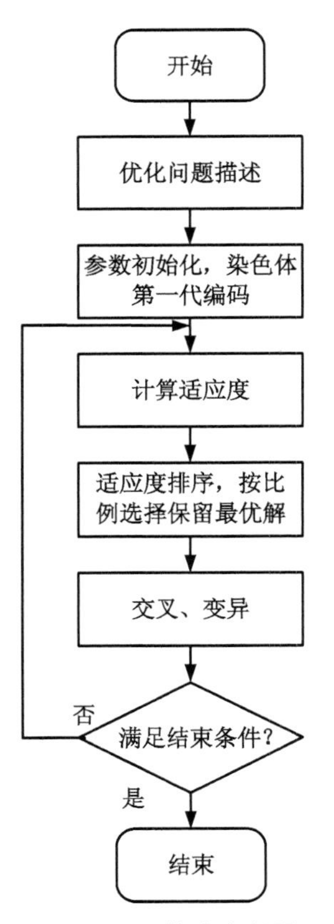

图 4.4　算法流程图

均匀变异的做法是，为群体中的每个染色体中的每个基因产生一个随机数 $\rho \in [0,1]$，如果该随机数小于变异概率 ρ_m，则选择该染色体的基因进行变异（王中华等，2004）。假设要变异的染色体为：

$$X_1 = [x_1^1,\ x_2^1,\ \cdots,\ x_N^1]$$

变异算子选择该染色体的第2、8位的基因进行变异，则新产生的染色体为：

$$X'_1 = [x_1^1,\ x'^1_2,\ \cdots,\ x'^1_8,\ \cdots,\ x_N^1]$$

其中 $x'^1_2 x'^1_8$ 为新生成的0/1随机数。

4）主要特点分析

（1）使用遗传算法将河流局部区域监测无线传感器节点分布优化问题转化为0/1规划问题，通过染色体的遗传、交叉及变异等遗传算法操作，并通过适应度值的比较最终实现传感器节点的合理分布优化选取。

(2) 算法采用了多个评估指标对适应度进行加权评估，分别是"水位分布差异率""流速分布差异率"和"水质分布差异率"，这可以供决策者根据河流局部区域的水文环境的差异，灵活调整指标权重，从而提升算法的适应性。

4.3.2　基于遗传算法多目标优化的流域监测传感器覆盖网优化方法

1) 问题的提出

本团队专注于数字流域条件下物联网应用示范研究，在流域监测优化布局方面已经提交"一种基于遗传算法的河流局域监测节点分布优化方法"(申请号：201410202917.X)国家发明专利申请，并得到受理。这个方法根据上述河流排污口等河流局部区域水文数据监测的需要，考虑到局部水文环境过于复杂，并且在监测节点小范围内，水文数据具有一致性的特点，以及监测节点所监测采集到的数据要能反映河流局部区域水文环境的全貌，各监测节点所采集到的数据要具有典型性的要求，提供了一种基于遗传算法的河流局域监测节点分布优化方法。但是，由于流域下垫面、河道水文条件的复杂性，在传感器布设中可能遇到各种具体情况的干扰(如航标、现有水文监测设施等)，导致实际工作中某些优化点位难以布设到位，使得这一方法试图达到的最优化方案无法完成，这就成为这一方法所无法解决的关键性难题。

与前述方法显著不同的是，本方法特别强调排除不利条件的干扰，在综合考虑流域不同监测点的不同流域特征、监测点传感器网络数据传输范围、各种监测传感器使用成本等条件下，如果遇到"最优"点位无法达到时，如何优化地选择"次优"点位进行布设，较好地完成多目标优化布局的目的。这也是本方法与前述方法显著不同的定位所在。

2) 引入遗传算法

本例为一种基于遗传算法多目标优化的流域监测传感器覆盖网优化方法，其优化方法的具体过程包括：

(1) 优化问题描述，针对河流流域监测传感器覆盖网布局的需要，假设在流域内均匀分布 N 个水文数据传感器采集节点，构成流域监测传感器覆盖网。

(2) 遗传算法参数初始化，并对染色体进行第一代编码，这里采用二进制随机编码方式，0 表示不使用水文数据传感器采集节点，1 表示使用水文数据传感器采集节点，则对于 N 个采集节点生成长度为 N 的二进制串，如下式所示：

$$X = [x_1,\ x_2,\ \cdots,\ x_N] \quad x_i = \{0,1\}$$

(3) 计算每个染色体所对应的监测覆盖网适应度，监测覆盖网适应度函数为：

$$f(X)=w_1f_1(X)+w_2f_2(X)-w_3f_3(X)-w_4f_4(X)$$

$$f_1(X)=\frac{1}{N(S^*)}\sum_{S_j\in S^*}(v_{S_j}-\bar{v}_{S^*})^2+\frac{1}{N(S^*)}\sum_{S_j\in S^*}(h_{S_j}-\bar{h}_{S^*})^2+\frac{1}{N(S^*)}\sum_{S_j\in S^*}(p_{S_j}-\bar{p}_{S^*})^2$$

$$f_2(X)=\sum_{S_j\in S^*}s_{S_j}\Big/\sum_{S_j\in S}s_{S_j}$$

$$f_3(X)=\sum_{S_j\in S^*}c_{S_j}\Big/\sum_{S_j\in S}c_{S_j}$$

$$f_4(X)=\sum_{S_j\in S^*}\alpha_{S_j}\Big/\sum_{S_j\in S}\alpha_{S_j}$$

其中，f_1 表示监测节点流域特征系数；f_2 表示监测节点传感器网络传输范围系数；f_3 表示监测节点传感器使用费用系数；f_4 表示监测节点环境干扰系数；$S=\{S_1,S_2,\cdots,S_N\}$ 表示监测传感器节点集合；$S^*=\{S_j\,|\,x_j=1\}$ 表示 S 的子集；$N(S^*)$ 表示 S^* 的大小；v_{S_j}，h_{S_j}，p_{S_j} 分别表示对应监测节点位置的河流流速、水位和水质；$\bar{v}_{S^*}$，$\bar{h}_{S^*}$，$\bar{p}_{S^*}$ 分别表示包括所有监测节点的河流平均流速、平均水位流速和平均水质；p_{S_j} 水质包括水温、pH、电导率、溶解氧、叶绿素浓度和浊度；s_{S_j} 表示监测节点网络数据传输范围；c_{S_j} 表示监测节点传感器使用费用；α_{S_j} 表示监测节点环境干扰；w_1，w_2，w_3 和 w_4 分别表示 f_1，f_2，f_3 和 f_4 的权重。

(4) 对计算后监测覆盖网适应度进行排序，并按比例选取最优解。

(5) 按照轮盘赌方法，选择染色体到下一代染色体群体。

(6) 对下一代染色体群体执行交叉、变异操作，这里采用多点交叉和均匀变异。

(7) 如果满足终止条件，则结束，否则回到步骤(3)继续进行计算。

3) *方法实现*

根据上述河流流域水文数据监测传感器覆盖网优化的需要，基于流域水文环境复杂的事实，根据流域不同监测点的不同流域特征、监测点传感器网络数据传输范围、各种监测传感器使用成本，特别是可能存在的环境干扰因素等进行综合分析、优化选择，提供了一种基于遗传算法多目标优化的流域监测传感器覆盖网优化方法。

流域监测传感器覆盖网优化模型的问题描述如下：假设在河流流域均匀分布 N 个水文数据传感器采集节点，构成流域监测传感器覆盖网，监测传感器节点集合

为 $S=\{S_1,S_2,\cdots,S_N\}$，这里可以分别计算在开启或者关闭该传感器采集节点的情况下，对所有开启的采集节点所构成的流域监测传感器覆盖网，依据覆盖网内各监测点的流域特征、各监测点传感器网络数据传输范围、各监测点传感器使用成本，特别是可能存在的环境干扰因素等进行多目标优化评估，选取最能反映河流流域水文环境全貌的监测传感器覆盖网作为最优覆盖网。

本方法采用遗传算法作为工具，对河流流域监测传感器覆盖网优化问题进行智能计算求解，并将覆盖网优化问题转化为一个0/1多目标规划问题，以求得在假设均匀分布的众多监测传感器节点中实际选择哪一些，在保证能够反映河流流域水文环境全貌的情况下，只需要在若干位置布置最少的监测传感器节点构成最优监测传感器覆盖网。

在本方法中，将河流流域均匀分布 N 个水文数据传感器采集节点构成的监测传感器覆盖网按照遗传算法基本理论，进行二进制染色体编码，即 N 个节点编码为长度为 N 的二进制串，如下式所示：

$$X=[x_1,\ x_2,\ \cdots,\ x_N]\quad x_i=\{0,1\}$$

其中，$x_i=0$ 表示不使用该监测传感器节点，$x_i=1$ 表示使用该监测传感器节点。

分别计算每个染色体编码的监测覆盖网适应度函数值来评价群体中的每个染色体的监测覆盖网适应值。在河流流域监测传感器覆盖网优化问题中，采用了“监测节点流域特征系数”“监测节点传感器网络传输范围系数”“监测节点传感器使用费用系数”和“监测节点环境干扰系数”四个指标，分别反映了河流流域内各监测节点流域特征、监测节点传输范围、监测节点使用费用以及存在的环境干扰因素。流域特征越明显(即监测节点流域特征系数越大)、传输范围越远(即监测节点传感器网络传输范围系数越大)、使用费用越低(即监测节点传感器使用费用系数越小)、环境干扰越小(即监测节点环境干扰系数越小)，则对应的监测传感器覆盖网越好。

在本方法中，采用 f_1 表示监测节点流域特征系数，f_2 表示监测节点传感器网络传输范围系数，f_3 表示监测节点传感器使用费用系数，f_4 表示监测节点环境干扰系数。对于传感器节点集合 $S=\{S_1,\ S_2,\ \cdots,\ S_N\}$，$S^*=\{S_j\mid x_j=1\}$ 表示 S 的子集情况下，f_1、f_2、f_3 和 f_4 的定义式分别为：

$$f_1(X)=\frac{1}{N(S^*)}\sum_{S_j\in S^*}(v_{S_j}-\bar{v}_{S^*})^2+\frac{1}{N(S^*)}\sum_{S_j\in S^*}(h_{S_j}-\bar{h}_{S^*})^2+\frac{1}{N(S^*)}\sum_{S_j\in S^*}(p_{S_j}-\bar{p}_{S^*})^2$$

$$f_2(X)=\sum_{S_j\in S^*}s_{S_j}\Big/\sum_{S_j\in S}s_{S_j}$$

$$f_3(X)=\sum_{S_j\in S^*}c_{S_j}\Big/\sum_{S_j\in S}c_{S_j}$$

$$f_4(X)=\sum_{S_j\in S^*}\alpha_{S_j}\Big/\sum_{S_j\in S}\alpha_{S_j}$$

其中，$N(S^*)$表示S^*的大小；v_{S_j}，h_{S_j}，p_{S_j}分别表示对应监测节点位置的河流流速、水位和水质；$\overline{v}_{S^*}$，$\overline{h}_{S^*}$，$\overline{p}_{S^*}$分别表示包括所有监测节点的河流平均流速、平均水位流速和平均水质；p_{S_j}水质包括水温、pH、电导率、溶解氧、叶绿素浓度和浊度；s_{S_j}表示监测节点网络数据传输范围；c_{S_j}表示监测节点传感器使用费用；α_{S_j}表示监测节点环境干扰；w_1，w_2，w_3和w_4分别表示f_1，f_2，f_3和f_4的权重。通过分别计算f_1，f_2，f_3和f_4，可以计算染色体最终的监测覆盖网适应度值为：

$$f(X)=w_1f_1(X)+w_2f_2(X)-w_3f_3(X)-w_4f_4(X)$$

其中，w_1，w_2，w_3和w_4分别表示f_1，f_2，f_3和f_4的权重，并且$w_1+w_2+w_3+w_4=1$。另外，由于$\overline{v}_S$、$\overline{h}_S$、$\overline{p}_S$的量纲不同，这里在计算过程中需要将其进行归一化操作，即转化到[0,1]区间。经过上述运算即可以得到最终的监测覆盖网适应度f，该值越大，表示所对应的监测传感器覆盖网方案越优。

在本方法中，采用轮盘赌选择下一子代群体，并采用多点交叉和均匀变异算法对群体中的染色体进行改变。

轮盘赌即选择染色体i的概率和染色体的适应度值成正比，适应度较高的染色体被选择的可能性较高，并能够在下一子代中重复出现。

多点交叉的做法是，产生长度为N的随机二进制序列，基于该随机二进制序列选择交叉点，为1的位置上交叉，为0的位置不交叉。假设N的大小为20，并且交叉之前的两个染色体分别为：

$$X_1=[x_1^1,x_2^1,\cdots,x_{20}^1]$$
$$X_2=[x_1^2,x_2^2,\cdots,x_{20}^2]$$

产生的随机二进制序列为[00101100010101110100]，则交叉产生的两个新染色体为：

$$X'_1=[x_1^1,x_2^1,x_3^2,x_4^1,x_5^2,x_6^2,x_7^1,x_8^1,x_9^1,x_{10}^2,x_{11}^1,x_{12}^2,x_{13}^1,x_{14}^2,x_{15}^2,x_{16}^2,x_{17}^1,x_{18}^2,x_{19}^1,x_{20}^1]$$
$$X'_2=[x_1^2,x_2^2,x_3^1,x_4^2,x_5^1,x_6^1,x_7^2,x_8^2,x_9^2,x_{10}^1,x_{11}^2,x_{12}^1,x_{13}^2,x_{14}^1,x_{15}^1,x_{16}^1,x_{17}^2,x_{18}^1,x_{19}^2,x_{20}^2]$$

均匀变异的做法是，为群体中的每个染色体中的每个基因产生一个随机数

$\rho \in [0,1]$，如果该随机数小于变异概率 ρ_m，则选择该染色体的基因进行变异。假设要变异的染色体为：

$$X_1 = [x_1^1, x_2^1, \cdots, x_N^1]$$

变异算子选择该染色体的第 2、8 位的基因进行变异，则新产生的染色体为：

$$X'_1 = [x_1^1, x'^1_2, \cdots, x'^1_8, \cdots, x_N^1]$$

其中 $x'^1_2 x'^1_8$ 为新生成的 0/1 随机数。

图 4.5 是本方法的算法流程图。

4）算法验证

为了进一步说明本方法的具体实施过程，基于某流域水文数据监测需要，给出采用本方法进行传感器覆盖网优化的测试算例。

（1）场景定义

以河流流域中心为边界中心，划定 10 km×10 km 的监测区域。假定均匀设定 100 个监测传感器节点构成监测传感器覆盖网，使用遗传算法进行监测传感器覆盖网优化选择。

（2）参数设定

群体规模：100

变异概率：$\rho_m = 0.05$

进化迭代次数：150 次

监测节点流域特征系数：$w_1 = 0.4$

监测节点传感器网络传输范围系数：$w_2 = 0.3$

监测节点传感器使用费用系数：$w_3 = 0.25$

监测节点环境干扰系数：$w_4 = 0.05$

（3）计算结果

平均适应度值：0.9387

达到稳定状态的迭代次数：110 次

平均需要的传感器数量：75.6 个

（4）优化效果分析

图 4.6 是采用本方法进行算例测算时，监测覆盖网适应度值随迭代次数变化的优化效果示意图。

从图 4.6 可知，采用本方法进行监测传感器覆盖网优化选择，依据“监测节点流域特征系数”“监测节点传

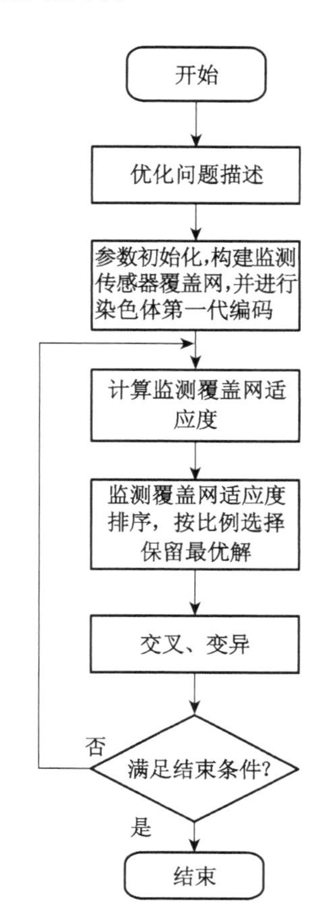

图 4.5 算法流程图

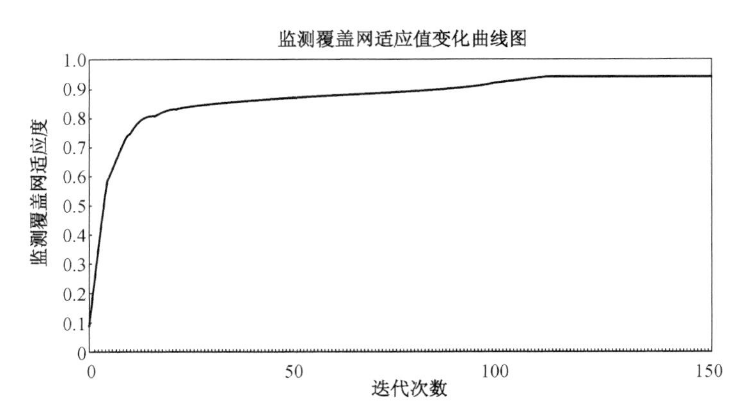

图 4.6　监测覆盖网适应度值随迭代次数的变化曲线图

感器网络传输范围系数”“监测节点传感器使用费用系数”和“监测节点环境干扰系数”作为监测传感器覆盖网多目标优化判据，可以很好地实现河流传感器覆盖网的优化设计。

5）主要特点分析

（1）使用遗传算法多目标优化将河流流域监测传感器覆盖网优化问题转化为0/1多目标规划问题，通过染色体的遗传、交叉及变异等遗传算法操作，并通过监测传感器覆盖网适应度值的比较最终实现监测传感器覆盖网的优化选取。

（2）采用了多个评估指标对监测传感器覆盖网适应度进行加权评估，分别是“监测节点流域特征系数”“监测节点传感器网络传输范围系数”“监测节点传感器使用费用系数”和“监测节点环境干扰系数”，这可以供决策者根据河流流域监测传感器覆盖网布局的需要，灵活调整指标权重，从而提升算法的适应性。

4.4　雅砻江流域监测站网优化布局初步方案

4.4.1　雅砻江流域概况及监测站网分析

1）雅砻江流域概况

雅砻江是金沙江最大的一级支流，发源于青海省称多县巴颜喀拉山南麓，自西北向东南流经尼达坎多后进入四川省，至两河口以下大抵由北向南流，于攀枝花市雅江桥下注入金沙江，是典型的高山峡谷型河流。流域地势北、西、东三面高，向南倾斜，河源地区隔巴颜喀拉山脉与黄河流域为界，其余雅砻江周边夹于金沙江与大渡河流域之间，呈狭长形，流域面积约 13.6 万 km^2（武运泊，2015）。流域涉及青海、四川两省，91.5 %的流域面积属四川省，如图 4.7 所示。

图 4.7　雅砻江流域地理位置示意图

2）雅砻江流域河流水系

雅砻江流域属川西高原气候区，降雨量在上游区为 600～800 mm（河源为 500～600 mm），中游区 1 000～1 400 mm，下游区 900～1 300 mm。雅砻江径流主要由降水形成，其余为地下水和融雪（冰）补给，径流年际变化不大，丰沛而稳定，河口多年平均流量 1 890 m^3/s，年径流量 596 亿 m^3。丰水期（6～10 月）径流量占全年的 77 %。雅砻江中下游处于川西和安宁河两大暴雨区内，为洪水主要来源地区，其洪水特性是峰高、量小、历时短。主汛期为 6～9 月，大洪水多发生于 7～8 月，与长江中下游洪水大体同步。流域上、中游地区含沙量较少，下游洼里至小得石区间是雅砻江流域主要产沙区，多年平均悬移质输沙量 4 190 万 t。

雅砻江干流全长 1 571 km，河源至河口天然落差 3 830 m。雅砻江有众多的支流，呈树枝状均匀分布于干流两岸，流域面积大于 100 km^2 的支流有 290 条，其中大于 500 km^2 的有 51 条，支流流域面积在 10 000 km^2 以上的有鲜水河、理塘河和安宁河 3 条。（图 4.8）

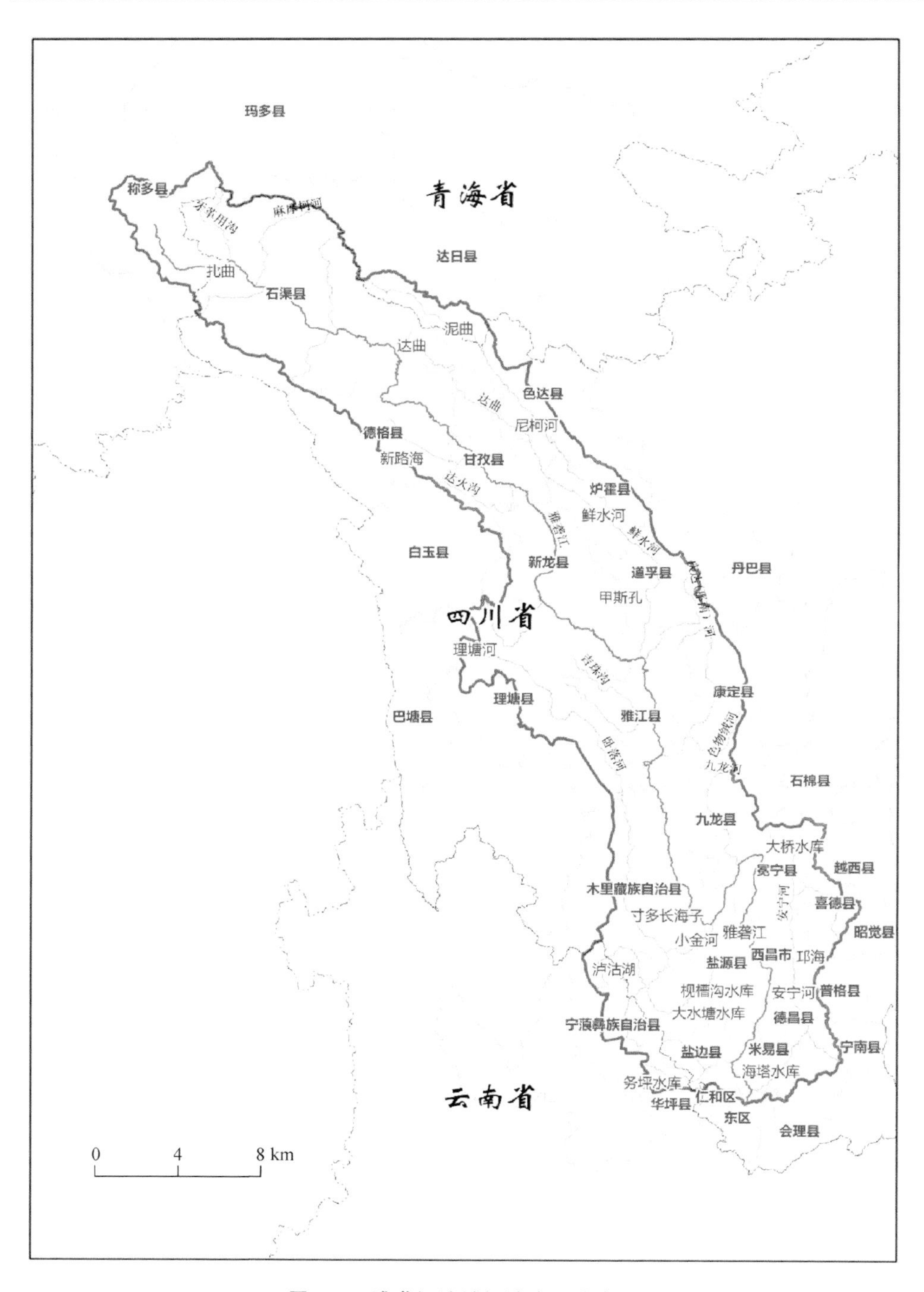

图 4.8　雅砻江流域河流水系分布图

3）雅砻江流域水电梯级开发规划

雅砻干流规划可开发21个大中型相结合、水库调节性能良好的梯级水电站，可装机3 000万kW，如图4.9、图4.10所示。流域内水量丰沛、落差集中、水库淹没损失小，开发条件得天独厚。雅砻江两河口、锦屏一级、二滩为控制性水库工程，总调节库容158亿 m^3，不计算其他水电站的调节能力，单单这三个水库的调节容量已近占到雅砻江多年平均来水量590亿 m^3 的27 %，具备非常优良的多年调节能力。雅砻江干流分三个河段进行规划：

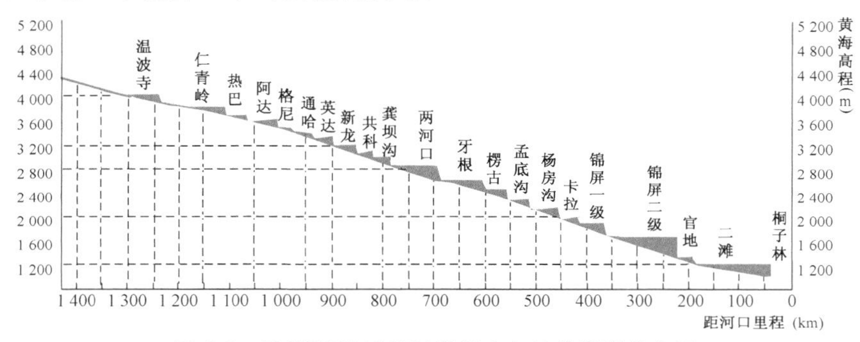

图4.9　雅砻江流域规划梯级水电站的高程分布图

上游河段从呷衣寺至两河口，河段长688 km，拟定有：温波寺水电站（15万kW）、仁青岭水电站（30万kW）、热巴水电站（25万kW）、阿达水电站（25万kW）、格尼水电站（20万kW）、通哈水电站（20万kW）、英达水电站（50万kW）、新龙水电站（50万kW）、共科水电站（40万kW）、龚坝沟水电站（50万kW）10个梯级电站，装机约325万kW（何理等，2008）。

中游河段从两河口至卡拉，河段长268 km，拟定有：两河口水电站（300万kW）、牙根水电站（150万kW）、楞古水电站（230万kW）、孟底沟水电站（170万kW）、杨房沟水电站（220万kW）、卡拉水电站（106万kW）6个梯级电站，总装机1 176万kW（卓正昌，2011）。其中两河口梯级电站为中游控制性"龙头"水库。

下游河段从卡拉至江口段长412 km，天然落差930 m，该段区域地质构造稳定性较好，水库淹没损失小，开发目标单一，为近期重点开发河段。拟定了锦屏一级水电站（360万kW）、锦屏二级水电站（480万kW）、官地水电站（240万kW）、二滩水电站（330万kW，已建成）、桐子林水电站（60万kW）5级开发方案，装机容量1 470万kW，保证出力678万kW，年发电量696.9亿kW·h，开发目标单一，无其他综合利用要求，技术经济指标优越（卓正昌，2011）。

4）雅砻江流域监测站网现状

雅砻江流域最早于1947年在干流设立了雅江水文站，其他各站均在1950年后相继设立。截止到2012年底，雅砻江流域已建成的水情自动测报系统测站共计

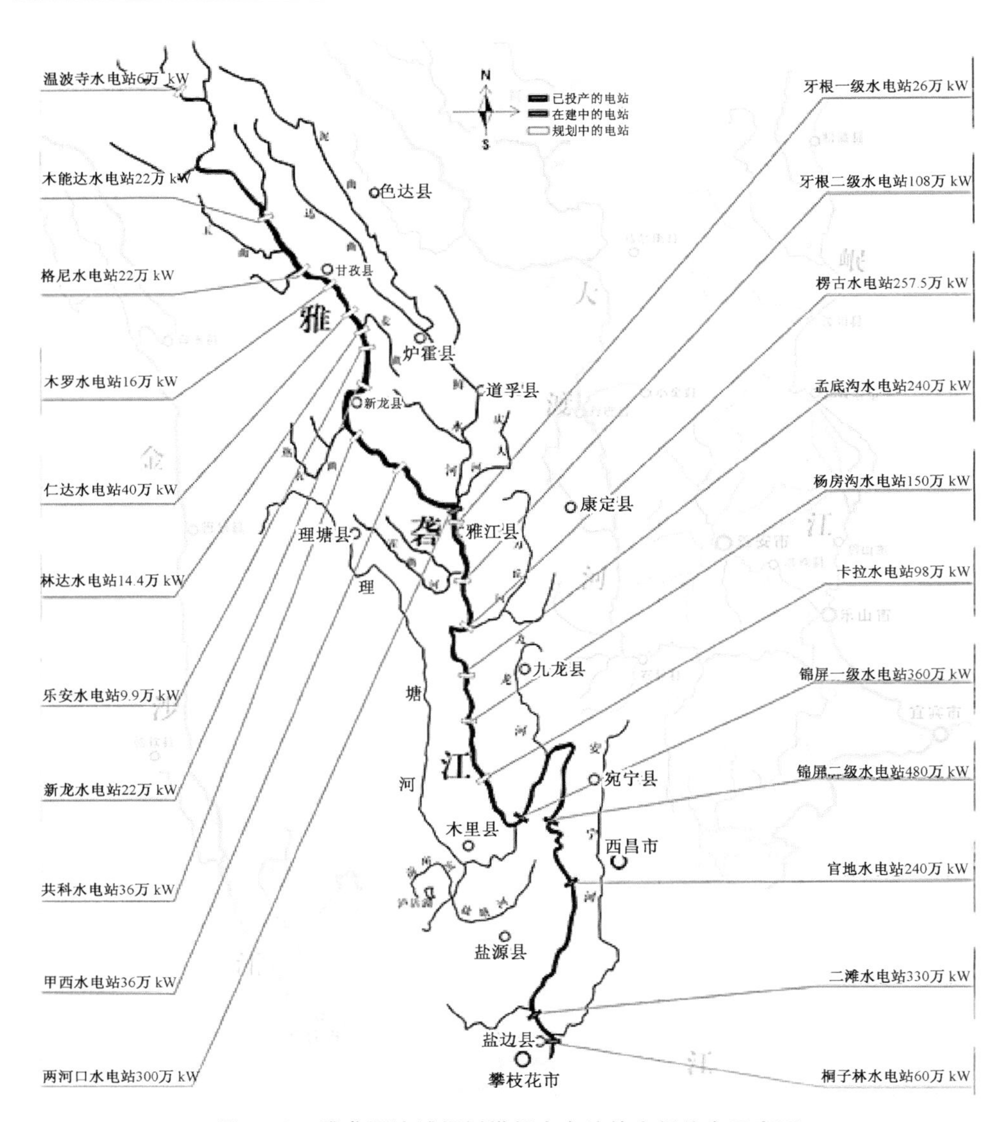

图 4.10　雅砻江流域规划梯级水电站的空间分布示意图

146 个，包括水文(位)站 48 个、雨量站 80 个、自动雨量站 18 个。其中，两河口以上共有水文站 8 个，雨量站 18 个，自动雨量站 1 个；两河口至锦屏区间共有水文站 9 个，雨量站 33 个，自动雨量站 14 个；锦屏至桐子林区间共有水文站 13 个，雨量站 29 个，自动雨量站 3 个(丁义等，2013)。

根据雅砻江公司提供的流域气象、水文监测站网的空间位置，制作雅砻江流域监测站网空间分布图如下：

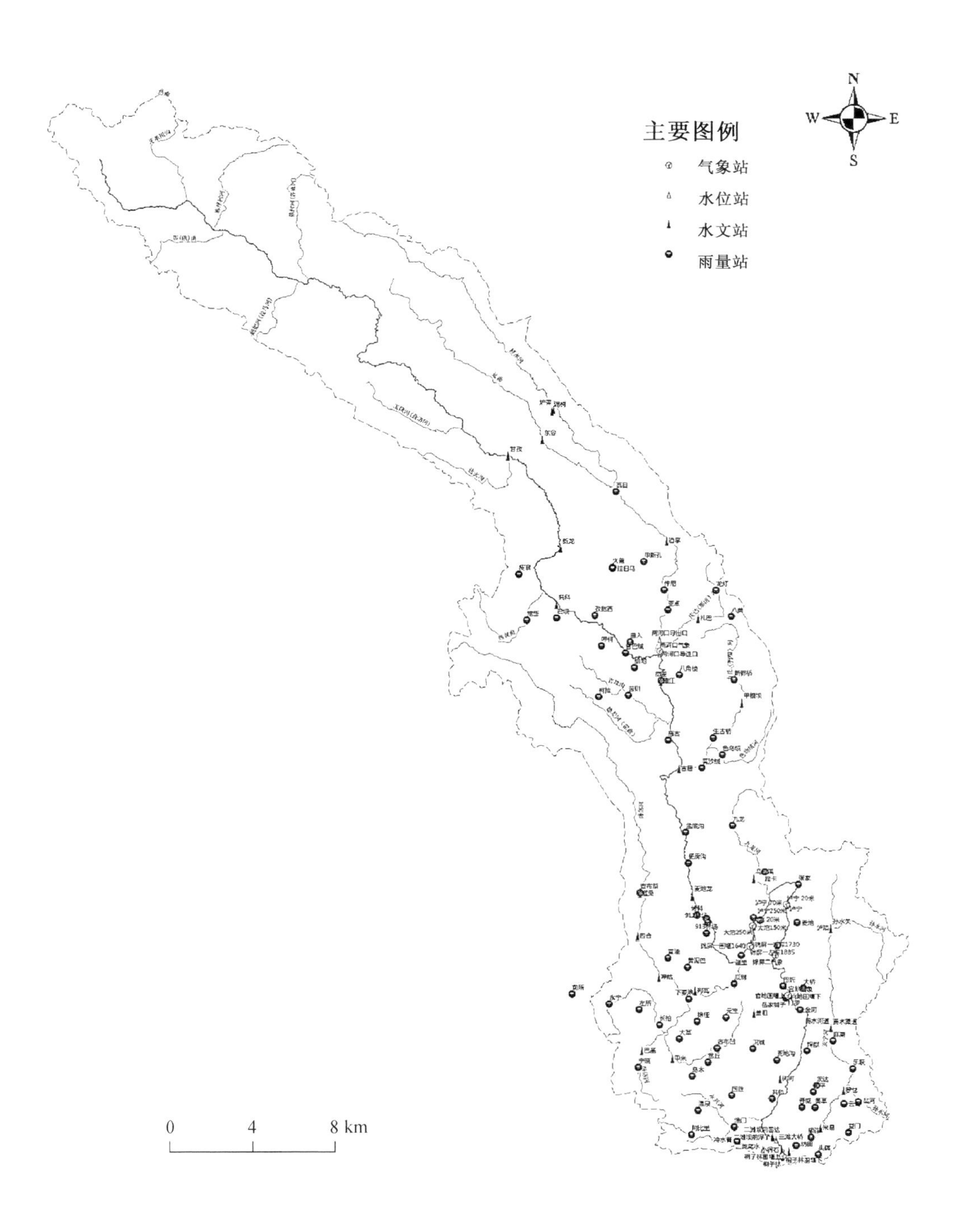

图 4.11　雅砻江流域监测站网空间分布图示意图

4.4.2 基于容许最稀疏站网密度的雅砻江流域水文监测站网布局设计

1）基本概念

水文站网是在一定地区，按照一定原则，用适当数量的各类水文测站构成的水文资料收集系统。把收集某一项水文资料的水文测站组合在一起，则构成水文站网，如流量站网、水位站网、泥沙站网、雨量站网、水面蒸发站网、水质站网、地下水观测井站网、墒情站网等。在本书中，水文站网是指流量站网、水位站网、雨量站网，而不分析泥沙站网、水面蒸发站网、水质站网、地下水观测井站网、墒情站网等（丁义等，2013）。

以满足水资源评价和开发利用的最低要求，由起码数量的水文测站组成的水文站网，是容许最稀疏站网。

水文站网密度，可以用"现实密度"与"可用密度"这两个指标来衡量。前者是单位面积上正在运行的水文测站数量，后者则包括虽停止观测，但已经取得有代表性的资料或可以延长系列的水文测站数量。站网密度通常是指现实密度。

综上所述，容许最稀疏站网密度，是指以满足水资源评价和开发利用的最低要求，单位面积上正在运行的起码数量的水文测站数量。

2）雅砻江流域水文分区

水文站网布局规划的前提是水文分区。水文分区的基础是流域下垫面状况，其定量指标可用地形地貌特性（山脊线、山谷线、河流水系）、植被特性（成片森林率）、地质特征（基岩面积比、石山面积比）、土壤特性等，如图4.12、图 4.13 所示。

（1）地形地貌特性

利用雅砻江流域 DEM 提取流域平面曲率及正负地形（怀保娟等，2014）。取正地形上平面曲率的大值为山脊，负地形上平面曲率的大值为山谷。由于平面曲率的提取比较繁琐，而坡向变率（SOA）可以很好地表征平面曲率。选用 SOA 代替平面曲率。

（2）植被特性

以《土地利用现状分类标准（GB/T 21010—2007）》为依据，利用雅砻江流域遥感影像图进行下垫面状况遥感解译，提取耕地、园地、林地、草地、商服用地、工矿仓储用地、住宅用地、公共管理与公共服务用地、特殊用地、交通运输用地、水域及水利设施用地、其他土地。将林地百分比作为植被特性指标。

图 4.12　雅砻江流域数字地形渲染图(DEM)

图 4.13　雅砻江流域植被特征分布图(含三维地形)

(3) 地质特征和土壤特性

雅砻江流域地质特征和土壤特性空间差异性规律基本一致,故暂不考虑。

(4) 水文分区初步结果

本书采用雅砻江流域下垫面数字地形图(DEM)、卫星遥感影像等资料,基于地形地貌特性和植被特性,制作雅砻江流域水文分区,如图4.14所示。

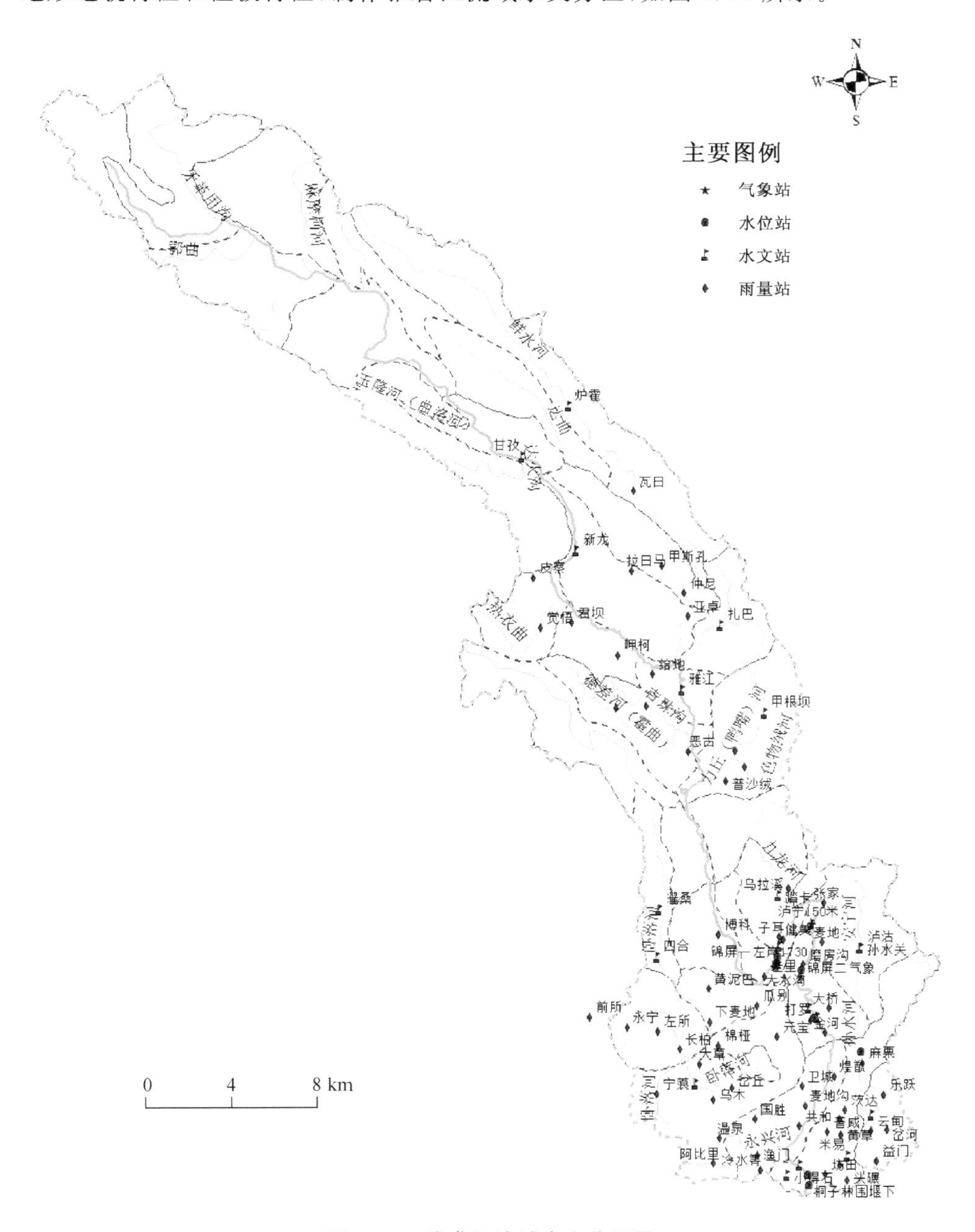

图4.14　雅砻江流域水文分区图

3）雅砻江流域最稀疏站网密度分析

（1）《水文实践指南》容许最稀疏站网密度

根据世界气象组织（WMO）编写的《水文实践指南》第一卷的相关内容，容许最稀疏站网密度要求见表 4.7 所示。

表 4.7　WMO 推荐使用的容许最稀疏站网密度

地区类型	站网最小密度（每站控制面积 km^2）		
	雨量站	水文站	蒸发站
温带、内陆和热带的平原区	600～900	1 000～2 500	50 000
温带、内陆和热带的山区	100～250	300～1 000	—
干旱和极地区（不含大沙漠）	1 500～10 000	5 000～20 000	30 000（干旱地区）和 100 000（寒区）

① 水文站

水文站网最小密度（即每站控制面积）为 300～1 000 km^2。

雅砻江流域总面积 13.6 万 km^2，雅砻江流域水文站点数应当在 136～454 个之间，而已有的数据表明监测站网数量远远不够（现有水文站 48 个）。

② 雨量站

雨量站网最小密度（即每站控制面积）为 100～250 km^2。

雅砻江流域总面积 13.6 万 km^2，雅砻江流域雨量站点数应当在 544～1 360 个之间，而已有的数据表明监测站网数量远远不够（现有雨量站 18 个）。

（2）《SL 34—2013 水文站网规划技术导则》容许最稀疏站网密度

① 水文（流量）站网

水文（流量）站按照水体的类型，可分为河道站、水库站、湖泊站、潮流量站。河道站是设置在天然或人工河道（或渠道）上的流量站。天然河道上的流量站按照控制面积大小及作用，区分为大河控制站、小河站和区域代表站（胡道科，2008）。

控制面积为 3 000～5 000 km^2 以上的大河干流上的流量站，为大河控制站。干旱区在 300～500 km^2 以下，湿润区在 100～200 km^2 以下的小河流上设立的流量站，称为小河站。其余天然河道上的流量站，称为区域代表站。

a. 大河控制站

任何两相邻测站之间，正常年径流或相当于防汛标准的洪峰流量递变率，以不少于 10%～15%来估计不占数目的上限。河流上游条件困难地区，递变率可增大到 100%～200%。在干流沿线的任何地点，以内插年径流或相当于防汛标准洪峰流量的误差不超过 5%～10%来估计布站数目的下限（胡道科，2008）。条件困难的地区，内插允许误差放宽到 15%。根据需求与可能，在上下限之间，选定布站数目。

b. 区域代表站

布设区域代表站的目的是控制流量特征值的空间分布，通过径流资料的移用技术，提供分区内其他河流流量特征值或流量过程。水文分区是区域代表性站网规划的基础工作。分区可用新安江流域模型、暴雨洪水产汇流参数分析等水文模型分区法和主成分聚类分析法、多元回归法等相关统计法（楼峰青，2003）。

用流域水文模型法进行水文分区的地区，可用分区、分级法决定站数。根据模型的主要参数与相应下垫面特征指标的相关关系，一般为流域蒸发参数与流域平均高程、地下水比重参数与流域植被率、枯季径流过程参数与地质指标、洪水过程计算参数与流域几何特征值等相关关系，将下垫面特征指标进行分级，一般面积级可分为3～6个级差，其他下垫面特征值指标，不少于3个级差，每个级差要设1～2个代表站。

用统计法或聚类分析法进行水文分区的地区，可采用卡拉谢夫法、递变率-内插法等方法来确定布站数目的上下限。综合考虑需求在上下限之间决定每个分区的站数。决定站网密度下限的年径流特征值内插允许相对误差采用5%～10%，决定密度上限的年径流特征值递变率采用10%～15%。

c. 小河站

布设小河站网的主要目的在于收集小面积暴雨洪水资料，探索在地区上产汇流参数随下垫面变化的规律。少数位置适中，地表、地下水分水岭重叠较好的小河站可发挥区域代表站的作用（龚向民等，2007）。小流域下垫面特征单一突出，宜用分区、分类、分级布站。

小河站的分区，一般根据已有的小河站资料分析确定或根据气候分区。小河站分类的下垫面定量指标可用植被率（一般用成片森林率）、地质特征指标（一般用基岩面积比）、土壤特性以及石山所占的面积比等。在各类中，以流域面积进行分级，湿润区：<10，10～20，20～50，50～100，100～200共5级；干旱区：<50，50～100，100～200，200～300，300～500共5级。

② 雨量站

雨量站分为面雨量站和配套雨量站。其中，面雨量站应能控制月年降水量和暴雨特征值在大范围的分布规律，要求长期稳定。配套雨量站应与小河站和区域代表站进行同步的配套观测，控制暴雨的时空变化，求得足够精度的面平均雨量值，以探求降水量与径流之间的转化规律（阴法章等，2007）。

雨量站网的布设密度，应根据现有资料条件选择适宜的方法分析论证。在足够稠密站网试验资料的地区，可用抽站法进行分析。在具有一般站网密度的地区，可用评价相关系数法、最小损失法、锥体法、流域水文模型法等进行分析。

分析雨量站网密度设计的各种指标，可根据本地区的资料条件、生活条件、设站目的，按照表 4.8 所规定的取值范围，合理选定。

表 4.8　雨量站网密度分析指标选用表

项目	$(1-\alpha)$ (%)	ε	Δx (mm)	x_B (mm)	Δt(h)		
					$F<500$ (km²)	$500<F<1500$ (km²)	$1500<F<3000$ (km²)
湿润区	80	0.10～0.15	2	5～20	3～6	6～12	6～12
干旱区	75	0.15～0.20	3	10	6～12	12～24	12～24

注：1. 面平均雨量 x 的允许误差 $\Delta x=\varepsilon x+\Delta x_0$，其中 Δx_0 和 ε 分别表示 x 的标准误差与 x 的相关直线的截距和斜率。当 $\Delta x_0=0$ 时，ε 就是 x 的允许相对误差，困难地区的 ε 值可以放宽。

2. $(1-\alpha)$% 是 x 的误差不超过 Δx 的保证率；F 为布站地区的面积(km²)；Δt(h) 为统计雨量资料的时段长；x_B 是分析雨量站网密度而选用的雨量资料的下限标准，在 Δt 时段内，中心最大雨量小于 x_B 的降水资料不参加统计。

在不具备分析条件的地区，可结合设站目的、地区特点，按照表 4.9 选定布站数目。

表 4.9　面积和雨量站数目查算表

面积(km²)	<10	20	50	100	200	500	1 000	1 500	2 000	2 500	3 000
雨量站数	2	2～3	3～4	4～5	5～7	7～9	8～12	9～13	10～14	11～15	12～16

面雨量采用平均每 300 km²一站的密度布设，要求分布均匀。

③ 水位站

水位站网规划，应考虑防汛抗旱、分洪滞洪、引水排水、河道航运、木材浮运、潮位观测、水工程或交通运输工程的管理运用等方面的需求，确定布站数量及位置，一般在现有流量站网中的水位观测的基础上选定(闭启礼，2010)。因此，本书将水位站也列入水文(流量)站范畴内考虑。

④ 容许最稀疏站网密度分析

a. 水文(流量)站

雅砻江流域位于中国西南湿润地区，考虑到本流域的实际情况，干流已有少量水文(流量)站，而众多支流则没有水文(流量)站，因此主要考虑在干流(即大河)、支流(即小河)上新增水文(流量)站。

大河水文站网最小密度(即每站控制面积)为 3 000～5 000 km²。

小河水文站网最小密度(即每站控制面积)为 100～200 km²。

雅砻江流域总面积 13.6 万 km²，则雅砻江流域大河水文站点数应当在 27～45 个之间，而小河水文站点数应当在 680～1 360 个之间，而已有的数据表明监测站网数量远远不够(现有水文站 48 个)。

b. 雨量站

雨量站网最小密度(即每站控制面积)为 300 km^2。

雅砻江流域总面积 13.6 万 km^2,则雅砻江流域雨量站点数应当在 454 个之间,而已有的数据表明监测站网数量远远不够(现有雨量站 18 个)。

c. 两种方案的比较

这两种方案的比较可知,雅砻江流域现有水文、雨量测站相对偏少,并且空间分布不均、区域密度不够,现有雨量站及水文站主要分布在雅砻江中下游,其上游还是一片空白,需要新增水文站网。

考虑到雅砻江流域实际情况,本书综合分析了上述两种方案,提出雅砻江流域水文站网布局中的测站类型、容许最稀疏站网密度、预计测站数量等详细信息见表 4.10 所示。

表 4.10　雅砻江流域水文站网布局参数表

测站类型		容许最稀疏站网密度(km^2)	预计测站数量(个)
水文站	大河站	3 000～5 000	27～45
	小河站	300～500	270～454
雨量站	面雨量站	600～1 000	135～227
	配套雨量站	100～200	680～1 360

雅砻江流域总面积较大,而且流域范围内人口、居民地分布较少。大河站最小密度(即每站控制面积)可以适当加大,选择 3 000～5 000 km^2 较为适宜。

雅砻江有众多的支流,呈树枝状均匀分布于干流两岸,流域面积大于 100 km^2 的支流有 290 条,其中大于 500 km^2 的有 51 条。小河站最小密度(即每站控制面积)可以适当加大,选择 300～500 km^2 较为适宜。

WMO 容许最稀疏雨量站网密度和《SL 34—2013 水文站网规划技术导则》容许最稀疏雨量站网密度比较接近,可适当加大。面雨量站以 600～1 000 km^2 为宜;配套雨量站以 100～200 km^2 为宜。

考虑到雅砻江流域实际应用需求,雅砻江流域监测站网布局规划主要分析大河水文站和面雨量站。

4) GIS 空间分析计算

采用 GIS 空间分析进行雅砻江流域监测站网布局设计,其优化目标为:

① 每个水文分区至少有一个水文测站(空间划分);

② 每个水文测站控制面积不大于容许最稀疏站网密度(缓冲区分析);

③ 新增水文测站数量尽可能少;

④ 水文测站位置要尽可能接近河流水系分布(邻近分析)。

雅砻江流域监测站网布局设计的主要工作步骤为：

第一步：水文分区图绘制。将雅砻江流域水文分区转入 ArcGIS 软件，形成雅砻江流域空间划分，绘制水文分区图。

第二步：现有水文测站的缓冲区分析。将现有水文测站转入 ArcGIS 软件，以容许最稀疏站网密度为缓冲区参数，绘制现有水文测站缓冲区分析图。

第三步：空白区的裁剪处理。将水文分区图与现有水文测站缓冲区分析图进行空间叠加分析，并提取无水文测站缓冲区的空白地区范围。

第四步：最佳监测站点数量的迭代分析。以保证新增水文测站数量最少为优化目标，采用模糊 C 均值算法，将预计测站数量区间作为聚类数目范围，迭代求解出达到聚类稳定时的数目，作为最佳监测站点数量。

引入平均信息熵值作为聚类稳定的评价指标。熵是用来描述数据点的无序程度的。当聚类的划分越合理，数据点在某一聚类上的归属越确定时，该聚类的信息熵值越小；相反，数据不确定性越大，所包含的信息量也越大，对应的平均信息熵值也越大：

$$H(k)=-\sum_{i=1}^{C}\sum_{j=1}^{N}\{[u_{ij}\times\log_2(u_{ij})+(1-u_{ij})\times\log_2(1-u_{ij})]/N\}$$

该算法实现的思想如下（张永鑫，2008）：

① 设置最大聚类数目 $C_{\min}$ 和最小聚类数目 $C_{\max}$，阈值 ε，并设 $k=C_{\min}$。

② 随机初始化隶属矩阵 $\boldsymbol{U}^0$，$t=0$，k 增加 1。

③ 更新隶属度矩阵 $\boldsymbol{U}^t$ 和聚类中心 $\boldsymbol{V}^t$，t 增加 1。

④ 当 $||J^{(l+1)}-J^{(l)}||>\varepsilon$ 时，返回③。

⑤ 计算 $H_k(x)$，记下此时聚类数目 k，如果 $H_k(x)<H_m(x)$，$H_m(x)=H_k(x)$，用当前 k 值更新 C 值。

⑥ 如果 $k>C_{\max}$，则 C 即为最终聚类数目；否则，返回②。

C 语言实现的模糊聚类算法的核心代码为：

```
do{
        t++;
        double *J=newdouble[100];
        double *u=newdouble[nWidth*nHeight*count];
        double *dis=newdouble[nWidth*nHeight*count];
        double *center=newdouble[count];
        int *Num=newint[count];
        double  minGray=255,maxGray=0,det;
        double *W=newdouble[count];
        for (i=0;i<nHeight;i++) //数据归一化处理
        {
```

```
    for(j=0;j<nWidth;j++)
    {
        if(pImgOld[i*nWidth+j]>maxGray)
        maxGray=pImgOld[i*nWidth+j];
            if(pImgOld[i*nWidth+j]<minGray)
            minGray=pImgOld[i*nWidth+j];
          }
        }
        det=(maxGray-minGray)/count;
        for (k=0;k<count;k++)    //求隶属矩阵
        {
          Num[k]=0;
          center[k]=0;
          W[k]=minGray+k*det;
      }
      for (i=0;i<nHeight;i++) //数据归一化处理
      {
          for(j=0;j<nWidth;j++)
          {
              for (k=0;k<count;k++)
              if ((pImgOld[i*nWidth+j]>=W[k])&&(pImgOld[i*nWidth+j]
              <=(W[k]+det)))
                {
                    center[k]+=pImgOld[i*nWidth+j];
                    Num[k]++;
                }
            }
        }
        for (k=0;k<count;k++)    //求隶属矩阵
            center[k]=center[k]/Num[k];
            for (i=0;i<nHeight;i++) //数据归一化处理
                {
                for(j=0;j<nWidth;j++)
                    {
                    double dj=0;
                    for (k=0;k<count;k++)    //求隶属矩阵
                        {
    u[(i*nWidth+j)*count+k]=(double)rand()/RAND_MAX;//得到一个小于1
    的小数隶属度
    dj+=u[(i*nWidth+j)*count+k];
        }
        for(k=0;k<count;k++)    //规一化处理(每列隶属度之和为1)
            u[(i*nWidth+j)*count+k]=u[(i*nWidth+j)*count+k]/dj;
    }
}//rand()函数返回0和RAND_MAX之间的一个伪随机数
```

```
        r=0;
        for (k=0;k<100;k++)
            J[k]=0;
        do
        {
            r++;//迭代过程//计算各个聚类中心 i 分别到所有点 j 的距离矩阵 dis(i,j)
            for (i=0;i<nHeight;i++) //数据归一化处理
            {
                for(j=0;j<nWidth;j++)
                    {
                        double * d=newdouble[count];
                        for(k=0;k<count;k++)
                        {
d[k]=(pImgOld[i * nWidth+j]-center[k]) * (pImgOld[i * nWidth+j]-center[k]);
                        d[k]=sqrt(d[k]);
                        dis[(i * nWidth+j) * count+k]=d[k];
                    }
                    for(k=0;k<count;k++)
                    {
                        double temp=0;
                        for (int t=0;t<count;t++)
                            temp+=pow(d[k]/d[t],2/(dlg.m_mm-1));
                        u[(i * nWidth+j) * count+k]=1/temp;
                    }delete d;
                }
            }
            for(k=0;k<count;k++)
            {
            double si=0;double pi=0;
            for (i=0;i<nHeight;i++) //数据归一化处理
            {
                for(j=0;j<nWidth;j++)
                    {u[(i * nWidth+j) * count+k]=pow(u[(i * nWidth+j) * count+
                    k],dlg.m_mm);pi+=u[(i * nWidth+j) * count+k] * pImgOld[i
                     * nWidth+j];
                si+=u[(i * nWidth+j) * count+k];
                }
            }center[k]=pi/si;//根据隶属度矩阵计算聚类中心
        }//计算聚类有效性评价函数
    for (i=0;i<nHeight;i++) //数据归一化处理
            for(j=0;j<nWidth;j++)
                    for(k=0;k<count;k++)
    J[r]+=pow(u[(i * nWidth+j) * count+k],dlg.m_mm) * pow(dis[(i * nWidth+j) *
    count+k],2);
                J[r]=sqrt(J[r]);
```

```
}while((fabs(J[r]-J[r-1]))>=T);
{
    double Hx=0;
for (i=0;i<nHeight;i++) //数据归一化处理
    for(j=0;j<nWidth;j++)
        for(k=0;k<count;k++)
Hx-=(u[(i*nWidth+j)*count+k]*log(u[(i*nWidth+j)*count+k])+(1
-u[(i*nWidth+j)*count+k])*log(1-u[(i*nWidth+j)*count+k]));
        Hx=Hx/(nWidth*nHeight);
        if (Hx<Hmin)
        {
            Hmin=Hx;C=count;number=r;
            for (i=0;i<C;i++)
                centerNew[i]=center[i];
            for (i=0;i<nHeight;i++) //数据归一化处理
                for(j=0;j<nWidth;j++)
                    for(k=0;k<C;k++)
uNew[(i*nWidth+j)*C+k]=u[(i*nWidth+j)*C+k];
        }
        count++;
    }
    delete u,dis,center,Num,W, J;
}while(count<=Cmax);
{
    CString str;
    str.Format("类别数 C= %d\n 迭代次数 r= %d",C,number);
    MessageBox(str,"提示");
    for (i=0;i<nHeight;i++) //数据归一化处理
    {
        for(j=0;j<nWidth;j++)
        {
            double maxGray=uNew[(i*nWidth+j)*C];
            for(k=0;k<C;k++)
            {
        if (uNew[(i*nWidth+j)*C+k]>=maxGray)
        {
            maxGray=uNew[(i*nWidth+j)*C+k];
        }
    }
    for(k=0;k<C;k++)
    {
        if (uNew[(i*nWidth+j)*C+k]==maxGray)
    {
        pImg[i*nWidth+j]=(BYTE)centerNew[k];
    }
```

```
            }
        }
    }
    }
```

雅砻江流域模糊 C 聚类测算参数设置：

1）最大聚类数目 $C_{max}=45$；

2）最小聚类数目 $C_{min}=27$；

3）阈值 $\varepsilon=0.1$。

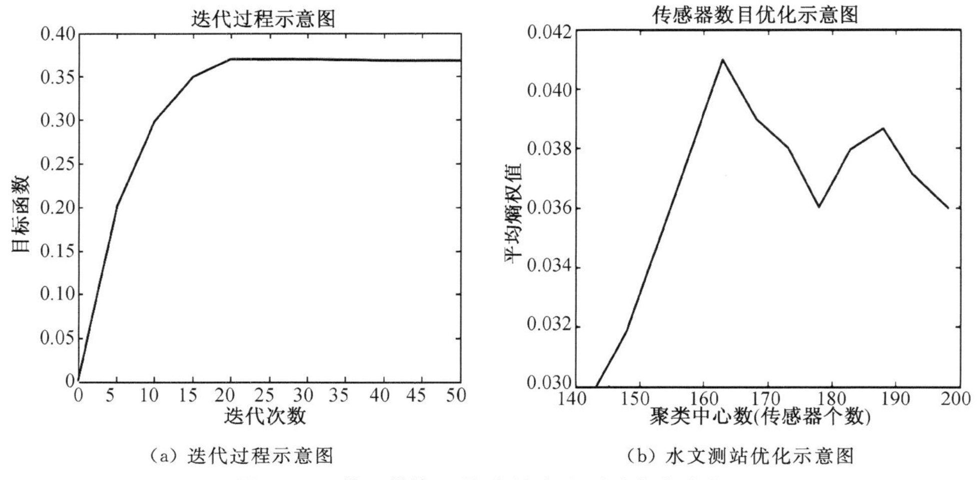

(a) 迭代过程示意图　　　(b) 水文测站优化示意图

图 4.15　基于模糊 C 聚类的水文测站优化曲线图

结果表明：当迭代次数达到 $r=25$ 时，模糊聚类算法趋于稳定。

第五步：新增水文测站点位初始值确定。在无水文测站缓冲区的空白地区范围内，采用人机交互式方法，在河流水系附近选定新增水文测站点位（初始值）。

第六步：新增水文测站点位优化。在新增水文测站点位（初始值）的基础上，以新增水文测站数量不超过最佳监测站点数量为条件，筛选新增水文测站点位分布，形成雅砻江流域新增水文测站空间分布图。

4.4.3　雅砻江流域监测站网布局初步结果

(1) 水文测站布局初步方案

以雅砻江流域矢量范围为空间边界，基于容许最稀疏站网密度概念，采用“1-覆盖”方法（即水文分区）进行计算，并综合考虑了雅砻江支流与干流的交汇点，初步确定了 30 个适宜新建水文站的点位，如图 4.16 所示。

图 4.16　雅砻江流域水文测站布局初步方案

新增水文测站点位的空间位置见表 4.11 所示：

表 4.11 雅砻江流域新增水文测站点位的空间位置(保留 4 位小数)

序号	经度(°)	纬度(°)	大致方位	所在流域
1	97.1619	33.8113	称多县南部	上游
2	97.4745	34.0091	称多县东南部	上游
3	97.8134	33.4281	石渠县西部	上游
4	97.9442	33.0253	石渠县西南部	上游
5	98.2219	33.1150	石渠县中部	上游
6	98.5244	33.4108	石渠县东部	上游
7	98.8706	33.0518	石渠县东南部	上游
8	98.6008	32.8684	石渠县偏南部	上游
9	98.3871	32.5718	石渠县南部	上游
10	98.9234	32.7566	石渠县与德格县交界处	上游
11	99.0719	32.2598	德格县中偏北方位	上游
12	99.2322	31.9180	德格县南部	上游
13	99.5938	32.8465	达日县与色达县交界处	上游
14	99.6276	32.3292	甘孜县北部	上游
15	99.6487	31.8181	甘孜县东部	上游
16	99.6681	31.5231	新龙县与甘孜县交界处	上游
17	100.7073	31.4101	炉霍县中部	上游
18	100.1450	30.6837	新龙县南部	上游
19	100.2244	29.8982	理塘县中部	中游
20	101.0698	30.6090	道孚县南部	中游
21	101.3560	30.7815	道孚县东部	中游
22	101.0696	29.7746	雅江县中部	中游
23	101.2185	29.9633	雅江县东南部	中游
24	100.8282	29.2973	理塘县东南部	中游
25	101.5496	29.4459	康定县偏南部	中游
26	100.7542	27.6733	宁蒗彝族自治县东北部	中游
27	101.0314	27.6049	盐源县西北部	下游
28	101.4704	27.4586	盐源县中部	下游
29	101.5027	26.9212	盐边县中部	下游
30	101.7037	26.9736	盐边县与米易县交界处	下游

(2)雨量站布局初步方案

以雅砻江流域矢量范围为空间边界，基于容许最稀疏站网密度概念，采用“1－覆盖”方法(即水文分区)进行计算，初步确定了 100 个适宜新建雨量站的点位，如图 4.17 所示。

图 4.17　雅砻江流域雨量站布局初步方案

新增雨量站点位的空间位置见表 4.12 所示：

表 4.12 雅砻江流域新增雨量站点位的空间位置(保留 4 位小数)

序号	经度(°)	纬度(°)	大致方位	所在流域
1	97.0255	34.0042	称多县偏中北部	上游
2	97.0710	33.6888	称多县偏中西部	上游
3	97.1679	33.4885	称多县偏中南部	上游
4	97.3408	33.2722	称多县南部	上游
5	97.3962	33.7298	称多县东南部	上游
6	98.3988	33.0842	石渠县中部	上游
7	98.6576	33.2091	石渠县东部	上游
8	97.7522	33.7812	石渠县中偏西北部	上游
9	98.0021	33.6656	石渠县中部	上游
10	98.3338	33.7517	石渠县东北部	上游
11	98.5527	33.7171	石渠县与达日县交界处	上游
12	98.6164	33.5251	石渠县东部	上游
13	98.4110	33.3725	石渠县中部	上游
14	98.2097	33.5267	石渠县中东部	上游
15	97.9765	33.3550	石渠县中部	上游
16	98.2095	33.2514	石渠县西部	上游
17	97.7642	33.0215	石渠县中部	上游
18	97.8517	32.8950	石渠县西部	上游
19	97.9712	32.7182	石渠县西南部	上游
20	98.1782	32.7658	石渠县中偏西南部	上游
21	98.2364	32.5658	石渠县西南部	上游
22	98.5809	32.5363	石渠县南部	上游
23	98.7396	32.7115	石渠县偏南部	上游
24	98.8565	32.9168	石渠县东南部	上游
25	98.9587	33.2763	达日县西部	上游
26	99.2985	33.0735	达日县西南部	上游
27	99.1564	32.8678	达日县南部	上游
28	98.7643	32.5467	石渠县偏东南部	上游
29	98.7693	32.3537	德格县北部	上游
30	98.7652	32.1165	德格县西北部	上游
31	99.1193	31.9136	德格县中部	上游
32	99.1823	32.2026	德格县偏中东部	上游

（续表）

序号	经度(°)	纬度(°)	大致方位	所在流域
33	99.1906	32.4786	德格县北东部	上游
34	99.3895	32.6170	甘孜县北部	上游
35	99.6487	32.9572	达日县南部	上游
36	99.7990	32.7767	色达县北部	上游
37	99.6278	32.5559	甘孜县与色达县交界处	上游
38	99.8280	32.3626	甘孜县与色达县交界处	上游
39	100.0616	32.3777	色达县中部	上游
40	99.7700	32.0875	甘孜县东部	上游
41	99.5539	32.1331	甘孜县西部	上游
42	99.3220	31.7605	德格县南部	上游
43	99.6122	31.4563	甘孜县与白玉县交界处	上游
44	99.8712	31.5322	甘孜县南部	上游
45	99.8479	31.8147	甘孜县中部	上游
46	100.2931	31.8301	甘孜县与炉霍县交界处	上游
47	100.3819	32.0167	色达县西南部	上游
48	100.5515	31.7366	炉霍县北部	上游
49	100.3928	31.4150	新龙县与炉霍县交界处	上游
50	99.9559	31.2652	新龙县西北部	上游
51	100.2531	31.0087	新龙县中部	上游
52	100.5509	31.1184	新龙县与道孚县交界处	上游
53	100.8468	31.4415	炉霍县中部	上游
54	101.0357	31.3339	道孚县东北部	上游
55	100.8684	31.0154	道孚县西北部	上游
56	100.5780	30.7313	新龙县中偏东部	上游
57	100.3824	30.7583	新龙县偏中南部	上游
58	99.8739	30.5764	理塘县北部	上游
59	99.7530	30.4255	理塘县西北部	上游
60	99.7029	30.1875	理塘县西北部	上游
61	100.1050	29.9330	理塘县中部	上游
62	100.1864	30.2709	理塘县东北部	上游
63	100.4238	30.2164	理塘县与雅江县交界处	上游
64	100.4520	30.0365	理塘县与雅江县交界处	上游
65	100.3755	29.9201	理塘县东部	上游
66	100.2896	29.6229	理塘县西南部	上游

（续表）

序号	经度(°)	纬度(°)	大致方位	所在流域
67	100.6375	29.6968	理塘县东部	上游
68	100.8379	29.7114	雅江县西南部	上游
69	100.8328	29.4983	理塘县东部	中游
70	100.6235	29.3405	理塘县南部	中游
71	100.7751	29.1442	理塘县南部	中游
72	101.2677	29.2627	康定县西南部	中游
73	101.3186	29.7564	康定县与雅江县交界处	中游
74	101.3256	30.0143	雅江县东部	中游
75	101.2579	30.4099	雅江县东北部	中游
76	100.8722	30.5773	道孚县南部	中游
77	101.2657	30.6240	道孚县中部	中游
78	101.2162	30.8348	道孚县中部	中游
79	101.3174	30.9817	道孚县东部	中游
80	101.6767	30.1169	康定县中偏北部	中游
81	101.6860	29.7286	康定县中偏南部	中游
82	101.6478	29.4132	康定县南部	中游
83	101.6476	29.2020	九龙县北部	中游
84	101.3610	29.0216	九龙县西部	中游
85	100.9678	28.8472	木里藏族自治县北部	中游
86	101.0695	28.6338	木里藏族自治县北部东部	中游
87	101.3375	28.6678	木里藏族自治县与九龙县交界处	中游
88	101.5232	28.6103	木里藏族自治县与九龙县交界处	中游
89	101.6686	28.9739	九龙县中部	中游
90	101.0025	28.3157	九龙县中部	中游
91	102.3726	28.7511	冕宁县东北部	中游
92	102.2495	28.2120	喜德县与冕宁县交界处	中游
93	102.5582	28.0197	喜德县东南部	中游
94	101.7116	27.6113	盐源县中东部	中游
95	101.0164	27.0940	宁蒗彝族自治县东部	中游
96	102.0209	27.2378	德昌县西南部	下游
97	97.6606	33.5829	石渠县西北部	下游
98	97.7522	33.2406	石渠县西部	下游
99	97.5886	33.9144	石渠县与称多县交界处	下游
100	97.5568	34.0851	称多县东南部	下游

4.4.4 综合运用遥感降雨数据和地面实测数据的雅砻江流域雨量监测站网优化布局设计

1）卫星遥感降水产品引入雨量观测中的有效性和可行性分析

卫星遥感降水产品综合多个星载微波或红外传感器的各自优点，最大限度地实现了多传感器优势互补，拓展了降水产品的时空覆盖范围。卫星遥感降水反演的数据源主要来自两类传感器：① 各种低轨卫星上的微波传感器，如：TRMM 卫星上的 TMI 和 PR（主动降水雷达）、DMSP 卫星上的 SSM/I、Aqua 卫星上的 AMSR-E、NOAA 卫星上的 AMSU-B 等；② 搭载在各种地球同步轨道静止卫星上通道为 10.7 μm 左右的红外传感器。微波数据与降水有更好的物理相关性，但时空分布断续且稀疏；红外数据则提供了较密的时空分布，但通常使用代表性参数估算降水（如云顶温度），其反演精度不高。

目前，最具代表性的多卫星遥感降水反演算法包括：①Huffman et al.（2007）提出的基于 TRMM 的多卫星降水分析资料（TMPA），该算法采用一个定标的排序方案，将微波和红外数据有机融合，获取了覆盖范围为 60° N-S 的准全球降水数据集；② Joyce et al.（2004）提出的气候预测中心变形算法（CMORPH），该算法利用半小时一次红外数据对微波数据进行插值，得到相对精细的时空降水强度数据集；③ Sorooshian et al.（2000）采用人工神经网络融合技术，研发了全球遥感降水数据系统 PERSIANN-CCS。

本书对于主流卫星遥感降水产品进行了地面验证与精度评估，选择国际上 7 套主流卫星降水产品（TMPA-V7，TMPA-RTV7-C，TMPA-RTV7-UC，CMORPH-ADJ，CMORPH，PERSIANN-CDR，PERSIANN）和中国逐日网格降水量实时分析系统数据集（基于全国 2 419 个国家级地面气象站生成的 0.25°×0.25°格网降水数据集），如表 4.13 所示。数据采集时间为 2008.01.01～2012.12.31，时间分辨率为日，空间分辨率为 0.25°，研究区设定为覆盖雅砻江整个流域的青藏高原区域。

表 4.13 卫星遥感降水反演产品、研发机构及其降水数据时空分辨率

序号	多卫星遥感降水反演算法名称	研发机构	空间/时间分辨率
1	TMPA-RTV7-C（Huffman et al.，2007）	NASA/GSFC	25 km/3-hourly
2	TMPA-RTV7-UC（Huffman et al.，2007）		
3	TMPA-V7（Huffman et al.，2009）		
4	CMORPH（Joyce et al.，2004）	NOAA/Climate Prediction Center	25 km/3-hourly
5	CMORPH-ADJ（Joyce et al.，2004）		
6	PERSIANN-CDR（Ashouri et al.，2015）	University of California Irvine	25 km/3-hourly
7	PERSIANN（Sorooshian et al.，2000）		

研究结果表明：

（1）7套主流卫星降水产品进行误差的时空特性分析。在研究区内降水量由西到东逐渐增多，尤其是在东南角（雅砻江流域所在地拥有丰沛降水），逐日平均降水量超过10 mm/h。在降雨分布模式上，V7把握得最好，与地面数据存在着非常相似的分布，CMORPH-ADJ其次，RTV7-C和PERSIANN的两套降水产品表现最差。

（2）7套主流卫星降水产品与中国逐日网格降水量实时分析系统数据集的相关系数分析。总体上看，七套卫星降水都呈现出由东至西，由南至北逐渐变差的趋势。在东部及南部区域表现要明显好于西北部昆仑山脉区域；卫星降水在雅砻江流域都有着较好的相关系数，说明卫星降水在该区域有很不错的应用潜力。

综上所述，将卫星遥感降水产品引入雅砻江流域雨量观测与分析中，具有较好的可行性。

2）雨量站网优化布局思路

多卫星遥感反演降水系统采用插补融合的方法，从微波和红外数据源中最大限度地获取降水的最佳时空分布，最终形成可实时获取的准全球范围的遥感降水数据集。因此，这就带来了一个问题："在现有雨量监测站网分布稀疏的情况下，能否充分利用遥感降雨数据来提高无雨量监测站网地区的雨量空间分布规律？"假如这个问题的回答是否定的，即在某些地区，现有雨量监测站网数量实在太少，仅用遥感降雨数据无法提高无雨量监测站网地区的雨量观测精度，那么随之而来的另一个问题是"在现有遥感降雨数据的条件下，能否通过尽可能少地新增雨量监测站点来提高无雨量监测站网地区的雨量空间分布规律？"实际上，后一个问题是前一个问题的补充和完善，值得进一步深入探讨。

综合运用遥感降雨数据和地面实测数据的雨量站网优化布局思路为：

（1）基本定义

本书将遥感降雨产品观测值作为估计值，将雨量观测值作为已知值。

（2）优化目标函数

本书选择的优化目标函数是最小二乘法，其基本假设为：未知量估值的数学期望等于已知量的数学期望（估值无偏），且估值的方差为最小，所获得的估值是最佳估值。

优化目标函数将遥感降雨观测值作为估计值，将雨量观测值作为已知值，分别计算每个已知测站点位处的方差。在观测量真值未知时，观测值与估计值的点位方差的计算公式为：

$$m = \pm\sqrt{\frac{\sum(V_i \cdot V_i)}{n-1}}$$

式中，n是观测点位数量；V_i是观测值与估计值的差，即：

$$V_i = L_{io} - L_{is}$$

式中 L_{io} 是观测值，L_{is} 是估计值。

(3) 待优化目标集合

本书将基于容许最稀疏站网密度的雅砻江流域水文监测站网布局设计提出的测站点位(参见上节)，作为待优化的目标集合，依次纳入站网中优化分析。

(4) 空间内插方法

本书选择泰森多边形作为空间内插方法(郭敬等，2013；解河海，2006；李少华等，2011；南岚，2005)。泰森多边形法是美国气候学家 A. H. Thiessen 提出的一种根据离散分布的气象站的降雨量来计算平均面降雨量的方法，即将所有相邻气象站连成三角形，作这些三角形各边的垂直平分线，于是每个气象站周围的若干垂直平分线便围成一个多边形。用这个多边形内所包含的一个唯一气象站的降雨强度来表示这个多边形区域内的降雨强度，并称这个多边形为泰森多边形。泰森多边形每个顶点是每个三角形的外接圆圆心。泰森多边形也称为 Voronoi 图或 Dirichlet 图。

泰森多边形的特性为：每个泰森多边形内仅含有一个离散点数据；泰森多边形内的点到相应离散点的距离最近；位于泰森多边形边上的点到其两边的离散点的距离相等。

构建泰森多边形的算法关键是对离散数据点合理地连成三角网，即构建 Delaunay 三角网。建立泰森多边形的步骤如下：

① 离散点自动构建三角网，即构建 Delaunay 三角网。对离散点和形成的三角形编号，记录每个三角形是由哪三个离散点构成的。

② 找出与每个离散点相邻的所有三角形的编号，并记录下来。这只要在已构建的三角网中找出具有一个相同顶点的所有三角形即可。

③ 对与每个离散点相邻的三角形按顺时针或逆时针方向排序，以便下一步连接生成泰森多边形。设离散点为 o；找出以 o 为顶点的一个三角形，设为 A；取三角形 A 除 o 以外的另一顶点，设为 a，则另一个顶点也可找出，即为 f；则下一个三角形必然是以 of 为边的，即为三角形 F；三角形 F 的另一顶点为 e，则下一三角形是以 oe 为边的；如此重复进行，直到回到 oa 边。

④ 计算每个三角形的外接圆圆心，并记录之。

⑤ 根据每个离散点的相邻三角形，连接这些相邻三角形的外接圆圆心，即得到泰森多边形。对于三角网边缘的泰森多边形，可作垂直平分线与图廓相交，与图廓一起构成泰森多边形。

3) 雨量站网优化布局工作步骤

综合运用遥感降雨数据和地面实测数据的雨量站网优化布局工作步骤为(图4.18)：

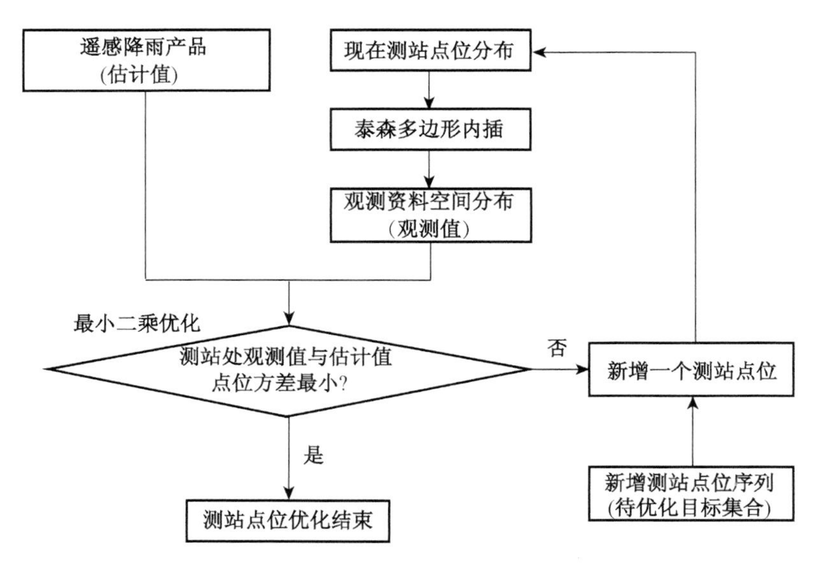

图 4.18　雨量站网优化布局工作步骤流程图

第一步:分别提取遥感降雨产品(估计值)、现有测站点位观测资料(观测值)。

第二步:基于容许最稀疏站网密度方法,构建新增测站点位序列(待优化目标集合)。

第三步:基于现有测站点位空间分布,采用泰森多边形内插法,形成观测资料空间分布图(观测值)。

第四步:分别抽取现有测站点位处的观测资料数值和遥感降雨估计值,计算观测值与估计值的点位中误差。

第五步:判断点位方差是否达到最小值(min)。若否,则跳转到第六步;否则,跳转到第七步。

第六步:从新增测站点位序列(待优化目标集合)中,依次选取一个测站点位,将其加入现有测站点位序列中,并跳转到第三步。

第七步:测站点位优化结束。

4) 雅砻江流域雨量站网优化布局初步结果

(1) 遥感降雨数据源

遥感降雨数据获取时间为 2008.01.01～2012.12.31,时间分辨率为日,空间分辨率为 0.25°,研究区为雅砻江流域。数据类型包括:国际上 3 套主流卫星降水(TMPA-V7,CMORPH-ADJ, PERSIANN-CDR)和中国逐日网格降水量实时分析系统数据集(基于全国 2 419 个国家级地面气象站生成的 0.25°×0.25°格网降水数据集)。

(2) 雅砻江流域现有雨量测站分布

雅砻江流域现有雨量测站 98 个(含自动雨量站 18 个),见图 4.19 和表 4.14 所示。

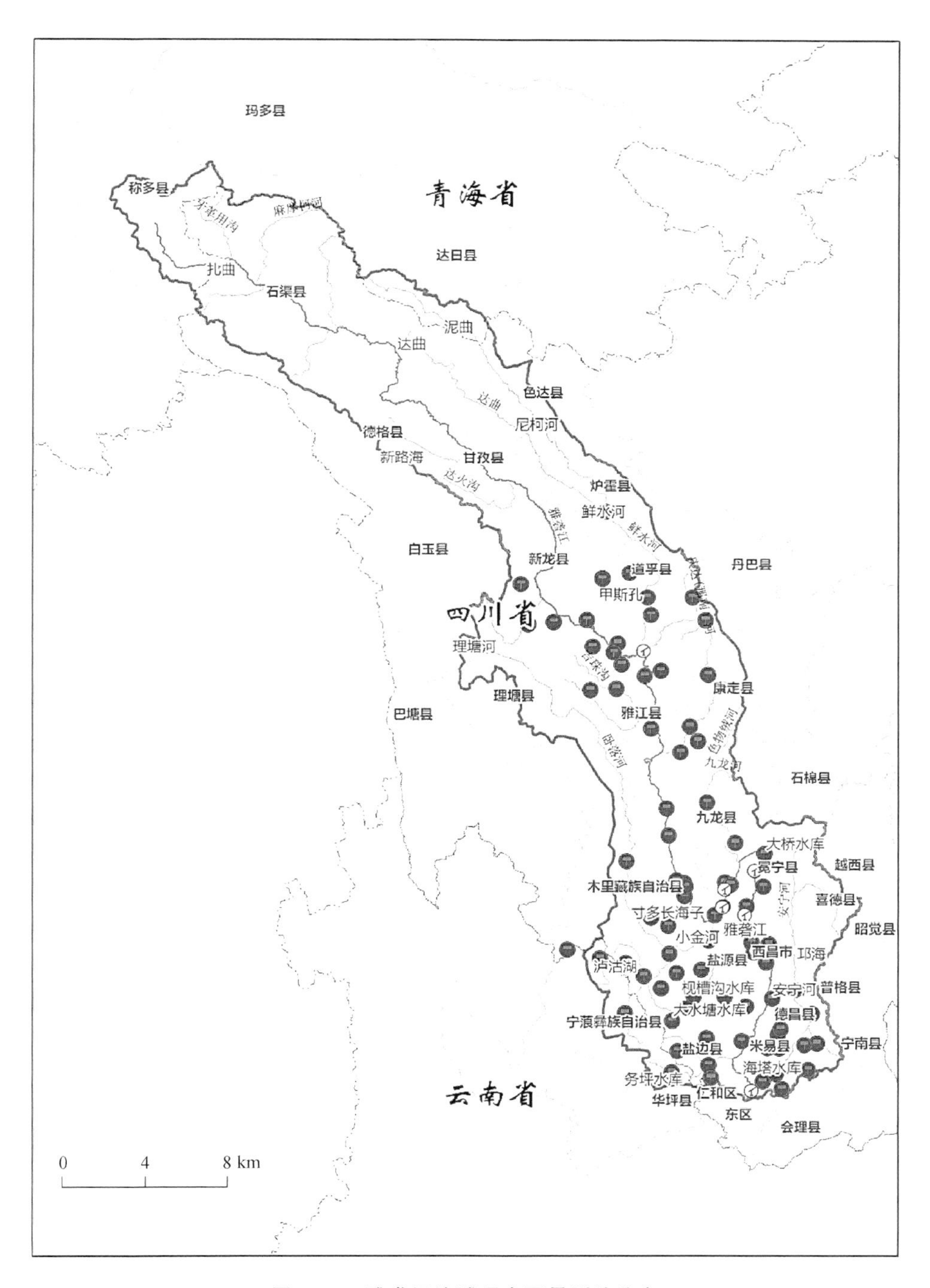

图 4.19 雅砻江流域现有雨量测站分布

表 4.14 雅砻江流域现有雨量测站的空间位置(保留 4 位小数)

序号	经度(°)	纬度(°)	测站类型	大致方位
1	100.6800	30.8292	雨量站	新龙县上占区大盖乡所拉家中
2	100.0419	30.7794	雨量站	新龙县皮察乡足然村乡中心小学后民宅
3	100.0978	30.4536	雨量站	理塘县觉吾乡
4	100.3011	30.4700	雨量站	理塘县君坝乡恶和村木材检查站后的民宅院内
5	100.5600	30.4878	雨量站	雅江县孜拖西乡然翁村小学旁边
6	100.6044	30.2722	雨量站	理塘县呷洼乡
7	100.8008	30.3006	雨量站	雅江县普巴绒乡曲入村山顶的第一间民宅
8	100.7689	30.2231	雨量站	雅江县普巴绒乡甲德村
9	100.8297	30.1214	雨量站	理塘县所地乡给地村一民宅院内
10	100.6800	30.8208	雨量站	新龙县拉日马乡大佛像后不远民宅院内
11	101.0586	30.5281	雨量站	道孚县亚卓乡莫洛村宋友华家中的院内
12	100.8931	30.8703	雨量站	道孚县甲斯孔乡卡美村经桶房旁边
13	100.7031	31.3694	雨量站	道孚县瓦日乡列瓦村小学后民宅院内
14	101.0328	30.6706	雨量站	道孚县仲尼乡下政府院内
15	101.4894	30.4850	雨量站	道孚县八美镇雀儿村
16	101.3861	30.6697	雨量站	道孚县龙灯乡一村龙灯乡政府 300M 处
17	101.1378	30.0711	雨量站	雅江县八角楼乡八角楼村委会对面的民宅院内
18	100.7892	29.9272	雨量站	雅江县西俄洛乡苦则村
19	100.5872	29.9156	雨量站	雅江县西柯拉乡
20	101.0119	30.0306	雨量站	雅江县德差乡政府旁
21	101.5092	30.0394	雨量站	康定县新都桥二村牧民院内
22	101.3672	29.6289	雨量站	雅江县沙德镇生古桥村后的民宅院内
23	101.0603	29.6111	雨量站	雅江县恶古乡恶古村小学旁边的民宅内
24	101.4297	29.5114	雨量站	康定县贡嘎山乡色绒一村省道旁的民宅院内
25	101.2922	29.4194	雨量站	雅江县普沙绒镇宜代村进道路正对面的民宅院内
26	101.1833	28.9667	雨量站	九龙县孟地沟
27	101.2000	28.7500	雨量站	—
28	101.3233	28.3636	雨量站	木里县卡拉乡下田镇
29	101.5000	29.0167	雨量站	九龙县呷尔镇呷尔村居民楼顶
30	101.7200	28.6919	雨量站	九龙县踏卡乡超市房顶上
31	101.9494	28.6028	雨量站	冕宁县和爱乡张家河坝原西昌水文局的雨量场里
32	101.6417	28.3708	雨量站	九龙县子耳乡田湾村
33	101.6858	28.3519	雨量站	冕宁市健美乡洛居村原西昌局雨量场内
34	101.9400	28.3361	雨量站	冕宁县麦地乡黄泥村 5 组原西昌水文局的雨量场里
35	101.8092	28.1775	雨量站	冕宁县联合乡磨房沟电厂西昌水文局雨量场上
36	101.9839	27.8772	雨量站	西昌市巴汝乡大桥村雨量站房旁边的一层屋顶上
37	101.9617	27.7256	雨量站	盐源县金河乡温泉村民宅院内
38	102.0097	27.4353	雨量站	德昌县马安乡三岔湾原站点看护人家民宅院内
39	101.8053	27.3706	雨量站	盐源县麦地乡民宅院内
40	100.8692	28.5425	雨量站	木里县查布朗镇民居二楼房顶

（续表）

序号	经度(°)	纬度(°)	测站类型	大致方位
41	101.3236	28.2594	雨量站	凉山州木里县卡拉乡 913 林场
42	101.3322	28.3367	雨量站	凉山州木里县卡拉乡 912 林场
43	101.2597	28.3861	雨量站	木里县博科乡民宅院内
44	101.0611	28.0856	雨量站	木里县科尔乡
45	101.1967	28.0217	雨量站	木里县李子坪乡黄泥巴村民宅院内
46	100.4078	27.8325	雨量站	盐源县前所乡民宅院内
47	100.6614	27.7631	雨量站	宁蒗县永宁乡永宁路 9 号民宅院内
48	100.8644	27.7239	雨量站	盐源县泸沽湖镇泸沽湖景区民宅院内
49	101.0039	27.6164	雨量站	盐源县长柏乡黑地村民宅二楼房顶
50	101.1403	27.5172	雨量站	盐源县大草乡大草坝村大草村委院内
51	100.8589	27.3183	雨量站	宁蒗县大兴镇民宅二楼房顶
52	101.2289	27.2553	雨量站	盐源县乌木乡村民宅院内
53	101.3364	27.3547	雨量站	盐源县黄草镇王家坝村民宅院内
54	101.3972	27.4528	雨量站	盐源县梅雨镇新龙乡民宅院内
55	101.6400	27.4503	雨量站	盐源县卫城镇民宅院内
56	101.2619	27.6411	雨量站	盐源县棉桠镇棉桠村民宅院内
57	101.2050	27.7989	雨量站	木里县下麦地乡上麦地村民宅院内
58	101.4564	27.6683	雨量站	盐源县白乌村民宅院内
59	101.5128	27.9064	雨量站	盐源县瓜别乡民宅院内
60	101.8658	27.8100	雨量站	盐源县平川镇灰折村 5 组
61	101.8461	27.8922	雨量站	盐源县巴折乡篾丝罗村 1 组
62	101.5597	28.1069	雨量站	盐源县洼里乡一村
63	102.1875	27.5058	雨量站	德昌县麻栗乡明主乡民宅院旁看护人家门前
64	102.3219	27.3111	雨量站	德昌县乐跃镇新塘村道路旁边新塘村民宅屋顶
65	102.3608	27.0736	雨量站	会理县仓田乡仓田村民宅院内
66	102.2608	27.0617	雨量站	会理县云甸乡云兴村民宅屋顶
67	102.2933	26.8603	雨量站	会理县益门镇原雨量站看护人家屋顶
68	102.0864	26.7050	雨量站	米易市丙谷镇路发村看护人家屋顶
69	102.0383	26.8275	雨量站	米易县撒莲镇禹王宫村民宅院内偏房屋顶
70	101.9372	26.7686	雨量站	米易市得石镇大田村民宅屋顶
71	102.0639	27.0358	雨量站	米易县黄草镇乡农村看护人家屋顶
72	102.0533	27.1456	雨量站	德昌县茨达乡和平村民宅院内
73	102.0758	27.1911	雨量站	德昌县茨达乡民宅屋顶
74	101.2700	27.0136	雨量站	盐边县温泉镇温泉村原看护人家院里
75	101.2239	26.8431	雨量站	云南省华坪县永兴镇永兴六组
76	101.5142	26.8986	雨量站	盐边县渔门镇三岔口村新房屋顶
77	101.4972	27.1189	雨量站	盐边县国胜乡大毕村原看护人家院内
78	101.7717	27.0950	雨量站	盐边县共和镇一村二组民宅屋顶
79	101.9750	27.0372	雨量站	米易县普威镇新隆村原雨量站房屋顶
80	101.5314	26.7978	雨量站	盐边县渔门镇高坪乡雨量站房原设备旁
81	101.0017	30.2353	气象站	雅江县两河口电站

（续表）

序号	经度(°)	纬度(°)	测站类型	大致方位
82	101.6300	28.1758	气象站	锦屏电站施工区(三滩渣场大桥)
83	101.7936	28.1069	气象站	冕宁县联合乡大水沟供水项目部
84	101.8817	27.8267	气象站	官地电站围堰上
85	101.8464	26.6925	气象站	盐边县桐子林水文站
86	101.6203	28.1744	气象站	锦屏工地
87	101.6203	28.1744	气象站	锦屏工地
88	101.6203	28.1744	气象站	锦屏工地
89	101.6231	28.1717	气象站	锦屏工地
90	101.6194	28.1683	气象站	锦屏工地
91	101.6364	28.3125	气象站	锦屏大沱
92	101.6364	28.3125	气象站	锦屏大沱
93	101.6419	28.3125	气象站	锦屏大沱
94	101.6364	28.3125	气象站	锦屏大沱
95	101.8728	28.4622	气象站	冕宁县棉沙湾乡
96	101.8689	28.4639	气象站	冕宁县棉沙湾乡
97	101.8689	28.4639	气象站	冕宁县棉沙湾乡
98	101.8689	28.4639	气象站	冕宁县棉沙湾乡

(3) 待优化目标集合

以雅砻江流域矢量范围为空间边界，基于容许最稀疏站网密度概念，采用“1-覆盖”方法(即水文分区)进行计算，初步确定了100个适宜新建雨量站的点位(图4.20)。待优化目标集合100个点位。

(4) 雨量站网优化布局初步方案

经过迭代计算，目标函数达到稳定状态时，已加入的新增雨量测站点位约30个。

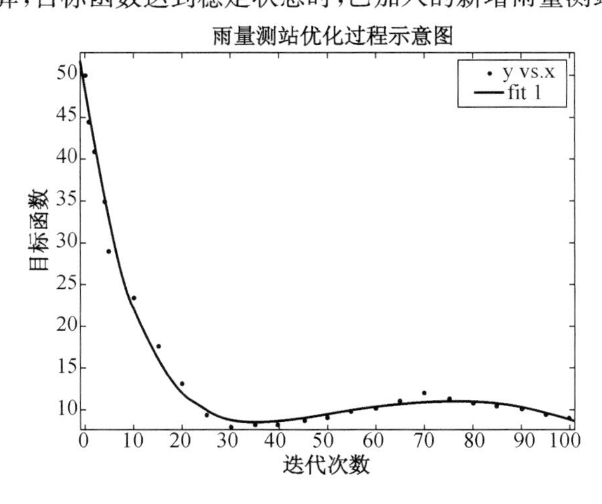

图4.20 雨量测站优化过程示意图

结果表明：当迭代次数达到 $r=25$ 时，目标优化算法数值趋于稳定。雅砻江流域雨量站优化布局初步方案见图4.21所示。

图4.21　雅砻江流域雨量站优化布局初步方案

新增雨量测站点位优化布局的空间位置见表 4.15 所示。

表 4.15 雅砻江流域新增雨量测站优化点位的空间位置(保留 4 位小数)

序号	经度(°)	纬度(°)	大致方位	所在流域
1	97.3962	33.7298	称多县东南部	上游
2	97.6606	33.5829	石渠县西北部	上游
3	97.7522	33.2406	石渠县西部	上游
4	98.2097	33.5267	石渠县中东部	上游
5	98.1782	32.7658	石渠县中偏西南部	上游
6	98.3988	33.0842	石渠县中部	上游
7	98.6576	33.2091	石渠县东部	上游
8	98.5809	32.5363	石渠县南部	上游
9	98.7396	32.7115	石渠县偏南部	上游
10	99.1906	32.4786	德格县东北部	上游
11	99.1823	32.2026	德格县偏中东部	上游
12	99.8280	32.3626	甘孜县与色达县交界处	上游
13	99.7700	32.0875	甘孜县东部	上游
14	99.8479	31.8147	甘孜县中部	上游
15	100.3819	32.0167	色达县西南部	上游
16	100.2931	31.8301	甘孜县与炉霍县交界处	上游
17	100.3928	31.4150	新龙县与炉霍县交界处	上游
18	99.9559	31.2652	新龙县西北部	中游
19	100.8468	31.4415	炉霍县中部	中游
20	100.3824	30.7583	新龙县偏中南部	中游
21	100.4238	30.2164	理塘县与雅江县交界处	中游
22	100.2896	29.6229	理塘县西南部	中游
23	101.3174	30.9817	道孚县东部	中游
24	101.2657	30.6240	道孚县中部	中游
25	101.6767	30.1169	康定县中偏北部	中游
26	101.6478	29.4132	康定县南部	中游
27	101.2677	29.2627	康定县西南部	中游
28	101.5232	28.6103	水里藏族自治县与九龙县交界处	中游
29	102.3726	28.7511	冕宁县东北部	下游
30	101.0164	27.0940	宁蒗彝族自治县东部	下游

第5章 基于物联网的时空连续多元信息传输体系研究

5.1 基于物联网的时空多元信息传输体系框架

采用 ZigBee+GPRS 建立物联网时空连续多元化信息传输网络，其框架结构如图 5.1 所示。

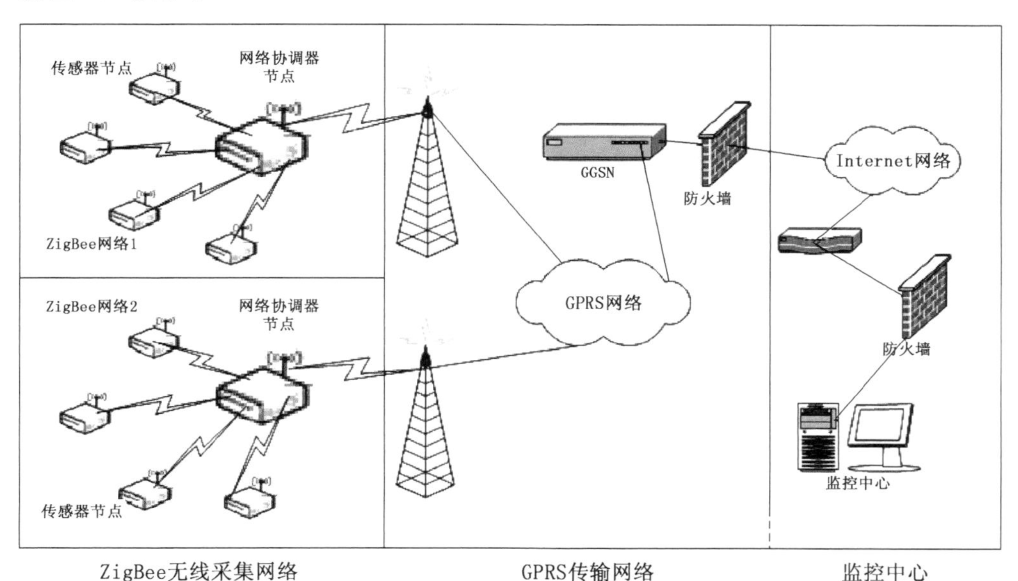

图 5.1　物联网时空连续多元化信息传输网络框架结构图

5.1.1 ZigBee 无线采集网络

ZigBee 无线采集网络主要由 ZigBee 传感器采集节点和 ZigBee 网络协调器节点构成，其结构如图 5.2 所示。传感器终端节点主要是由监测区域的各种传感器模块、处理器模块、ZigBee 无线收发模块及电源模块组成；网络协调器节点的构成与传感器采集节点基本相同，不同的是网络协调器节点不包含传感器模块，具有 GPRS 无线模块，负责整个系统中的网络管理与维护及对数据的实时处理。这两类节点按照星形或网状形网络拓扑结构构成自组、多跳的 ZigBee 采集网络，将传感器节点采集到的数据，通过 ZigBee 网络汇聚到网络协调器节点，网络协调器节点再将处理后的数据发送到 GPRS 网络上（张云飞，2011）。

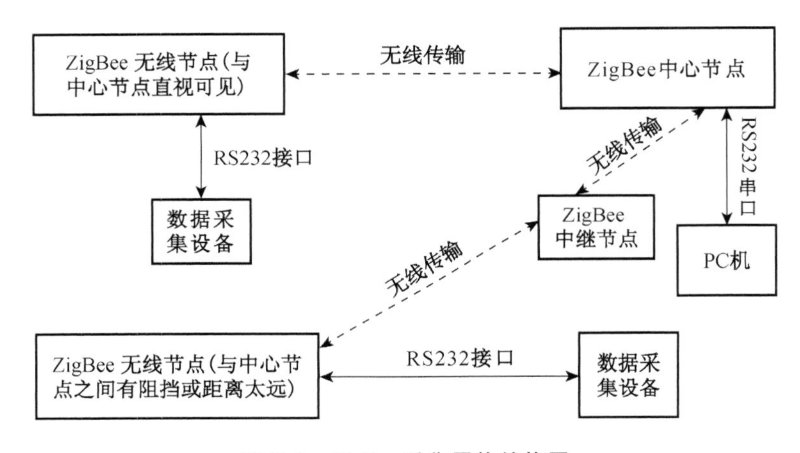

图 5.2 ZigBee 采集网络结构图

每个 ZigBee 网络可以同时连接 254 个子节点，而且每个监控区域内可以同时存在 100 多个独立且相互覆盖的 ZigBee 网络。这样网络扩展灵活自如，同时容量实现大范围的增加，能够适应数字流域建设多个监测点的需求。

5.1.2 GPRS 传输网络

GPRS 传输网络在系统中起到一个桥梁的作用，通过 GPRS 无线模块将 ZigBee 网络的数据接入 Internet 网络中，将网络协调器节点收集到的数据实现远距离传输。GPRS 传输网络基于 TCP/IP 协议，采用 Internet 与 ZigBee-GPRS 无线通信相结合方式实现数据传输，通信规约综合了 Polling 规约和 CDT 规约的特点，为了减少通信费用，系统通信规约方案为：监控中心在正常情况下定时采集终端运行数据信息或远程控制终端设备及线路的开关，此时运用的是 Polling 方式

(曹磊,2011)。另一方面,为了提高监控中心与终端的实时交互性,当终端站点设备运行不正常或开关发生跳变时,设定终端FTU会主动上传变化信息,此时是基于CDT方式。此外,为防止数据丢失,设定若发出命令无应答,再发一次命令,如果还没有应答,就认为通信故障,系统弹出通信故障提示。

5.1.3　远程监控平台

监测中心主要是实现远程监控的功能,主要利用计算机技术和数据库技术搭建软件平台,实现对监测区域的数据远程管理与显示。监控中心可以对运行中的监控终端进行参数设置,以及对数据的处理、存储及分析。

5.1.4　系统模块交互

ZigBee网络协调器节点通过ZigBee-GPRS无线方式实现与监控中心Internet网络之间的远程信息传输。ZigBee网络采用混合型网络结构。ZigBee网络由ZigBee传感器采集节点和ZigBee网络协调器节点组成。每个ZigBee网络具有独立的网络号,由该网络的协调节点和一个GPRS模块相互连接,进行透明数据传输。每个监控区域网络内的终端通过ZigBee小型网络实现相互通信。每个终端都连接有一个ZigBee通信节点,在ZigBee网络中,所有节点的数据都通过路由送往ZigBee网络协调器节点,协调器节点将数据通过RS485接口传送给GPRS模块,GPRS模块将数据传送到监控中心服务器(曹磊,2011)。数据传输采用了完全确认的数据传输机制和碰撞避免机制,整个通信网络的可靠性和安全性十分高。

5.2　水质多参数传感器监测传输系统研制

5.2.1　需求分析

《国务院关于实行最严格水资源管理制度的意见》(国发〔2012〕3号)文件提出:“加强水功能区限制纳污红线管理,严格控制入河湖排污总量”,要“切实加强水污染防控,加强工业污染源控制,加大主要污染物减排力度,提高城市污水处理率,改善重点流域水环境质量,防治江河湖库富营养化”。对于重要水源地、水功能区、江河湖泊等重点区域,可通过固定断面监测方法获取日常水环境监测数据。

当前,我国突发性水污染事件的发生频率越来越高,造成的经济和社会危害也最大。我国一直重视对突发水污染事故的预防和应急处理,各政府部门也出台了一些规章制度,建立了突发水污染事件处理的应急预案。但由于突发性水污染事件具有突发性，扩散性强，形式多样，时间有限等特点，现有的固定断面监测技术手段无法满足一些特殊要求，如：①流动的水域中传感器布置距离远，地点不确定；②传感器的载体形式多样性；③数据采集同时进行；④数据上传需分配信道资源，避免拥塞的情况等。如何充分利用物联网环境下的多类型传感器，构建移动式物联网水质传感器集成监测系统，实现多类型传感器监测数据快速传输与高效率分析，成为困扰水污染应急管理工作的一大技术难题。

5.2.2 系统设计

本书拟利用具有物联网动态组网技术，深入分析站房式、浮标式、移动式等多类载体水质监测台站环境下的数据通信技术，并考虑不同类型数据传输的紧迫性，实现应急情况下对水质的各项参数的实时监测，通过基于特定算法的动态组网技术实现各传感器件之间的节点通信，保证数据的可靠性上传，并构建基于 GIS 的远程监控平台。通过在水质监测仪器自动化设备组成感知层，基于互联网的监测数据传输、运行状态数据传输的信息化系统组成传输和网络层，以水环境评价、污染物模拟、风险预警模型为核心的模型化系统组成应用层，构成水污染监测预警的物联网软硬件集成系统。

1）ZigBee 无线采集网络设计

（1）网络协调器硬件平台

网络协调器是 ZigBee 网络的控制中心，不仅需要具备实现对整个网络管理的功能，而且需要具有可扩展的功能，为计算机或其他设备预留连接的接口等。

按照功能分类，网络协调器节点硬件结构主要由以下几部分构成：处理器模块、无线射频通信模块、GPRS 通信模块、电源模块、预留接口模块及其他外围电路等组成（图 5.3）。

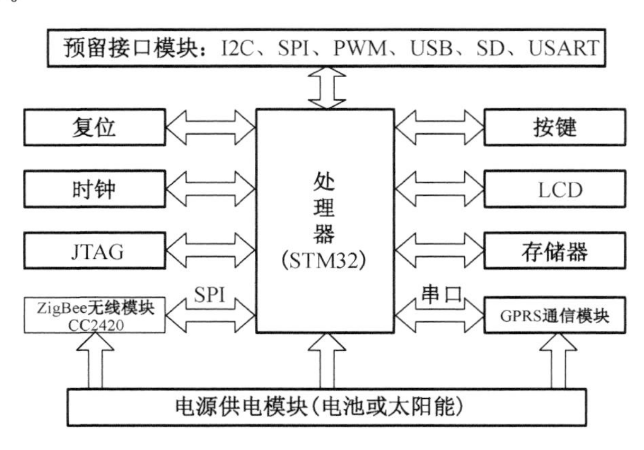

图 5.3 网络协调器节点硬件组成框图

(2) ZigBee 无线通信模块

ZigBee 无线通信模块是传感器数据采集节点的重要组成部分。在时空连续多元数据传输网络的实际应用中,网络中节点比较多。这样对于节点来讲,辐射的电磁波既不能够干扰其他节点正常工作,同时也应具有一定的抗干扰能力,不受其他节点辐射出的电磁波干扰。

目前市场上符合 ZigBee 标准的芯片有很多种,比较典型的产品有 Freescale 公司的 MC13192/3、TI 公司的 CC2420/CC2430/CC2530、Helicomm 公司的 IP-Link 系列等(张云飞,2011)。

基于对成本、技术支持以及本书系统的特点等多方面的因素,综合考虑节点的功耗、通信距离、体积和开发周期,在时空连续多元数据传输网络中选用 TI 公司的 CC2420 作为无线通信模块中的无线收发芯片。

① CC2420 芯片介绍

CC2420 是 TI 公司推出的第一款适合于 ZigBee 协议的产品,是一片单片面向于低电压低功耗的 2.4 GHz 的收发器,其符合 IEEE 802.15.4 规范标准。它是基于 Chipcon 公司的 SmartRF 03 技术,使用 0.18 μm 的 CMOS 工艺制造(林少锋等,2009)。包括一个提供 9 dB、250 kbps 的 DDS 基带 Modem,是一个高集成度的 2.4 GHz 全世界通用的 ISM 频段无线传输解决方案。提供了硬件实现信息包处理,数据缓冲,突发传输,数据加解密,数据识别,通道空闲确认,连接质量评估,时间信息等功能,可以组建多点对多点的 ZigBee 网络。CC2420 的主要性能参数如表 5.1 所示。

表 5.1　CC2420 主要性能参数

工作电压	工作频段	发送电流消耗	接收电流消耗	通信距离
2.1～3.6 V	2.4 GHz	17.4 mA	19.7 mA	80 m
调制方式	编码方式	通信速率	输出功率	接收灵敏度
O-QPSK	DSSS 直接序列扩频	250 kbps	编程可控	−94 dBm

CC2420 有 33 个 16 位配置寄存器、15 个命令选通寄存器、1 个 128 字节的 RXRAM、1 个 128 字节的 TXRAM、1 个 112 字节的安全信息存储器。TX 和 RXRAM 的存取可通过地址或者用 2 个 8 位的寄存器实现,而采用后者访问内存与访问 FIFO 缓冲区一样,不能读取/写入任何数据到安全信息 RAM,也不能把 TX RAM 和 RX RAM 作为内存访问,只能以 FIFOS 的方式访问,而对寄存器的操作则可通过 SPI 接口以从属方式使用(孙韬,2009)。

② CC2420 射频接口电路

CC2420 无线射频模块通过 SPI 接口与处理器相连,再加上天线、外围的晶振电路和射频输入/输出匹配电路就构成了无线射频接口电路。在系统工作过程中,处理器通过 SPI 总线设置 CC2420 射频芯片的工作模式及数据收发工作，并实现读/写缓冲数据及读/写状态寄存器等（张云飞，2011）。如图 5.4 所示为 CC2420 与处理器的接口电路及射频电路。

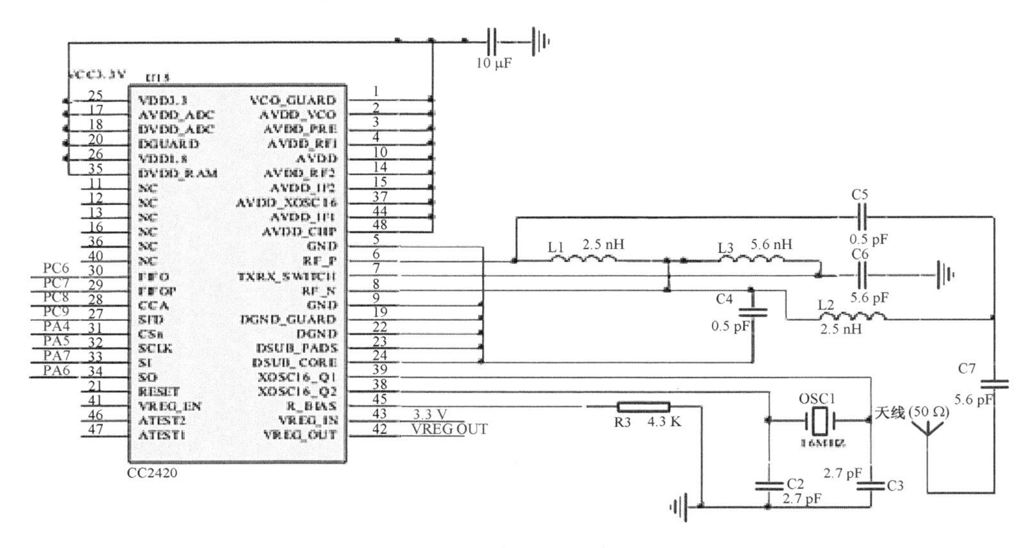

图 5.4 CC2420 射频接口电路示意图

该接口工作时序为：a. 驱动 CSn 为低电平，使 CC2420 开始新的 SPI 通信周期。b. CC2420 选中后，开始驱动 SCLK 时钟信号。SCLK 无需用固定频率驱动并有一个可变的服务周期。在 SCLK 信号上升沿，CC2420 采样 SI、SO 上的数据；在 SCLK 信号下降沿，如果 SO 为输出模式。CC2420 将改变 SO 上的数据。c. 当这一周期完成时，停止 SCLK 的驱动并将 CS_信号变为高电平。

此外，当 CC2420 的 SFD 管脚为低电平时，说明物理帧的 SFD 字节被接收到，并将接收到的数据存放到接收 FIFO 缓冲区中。此时，CC2420 的 FIFO 缓冲区保存着 MAC 帧头、帧长度和帧载荷数据，而不保存帧的校验序列、前导序列及帧起始分隔符及帧的结束符。而当 CC2420 发送数据时，数据帧的这些部分都由硬件所产生的。

③ 电源模块

电源模块是整个传感器采集节点正常稳定运行的基础，是能量供给站。由于在 ZigBee 网络中，网络中的节点都是靠电池供电。因此，为了保证系统长期稳定可靠的运行，本系统采用电池和太阳能相结合的方式为整个系统供电，白天采用太阳能电池板供电，夜间采用电池供电，而且电池可以通过太阳能进行充电。

电源电路需要考虑以下因素：输入电压和电流，输出电压、电流和功率，电磁兼容和电磁干扰，输出纹波等。本系统中有 3.3 V 和 5 V 两种电压等级，并有电池充电接口电路和两种供电方式的切换电路(张云飞,2011)。电路如图5.5所示。

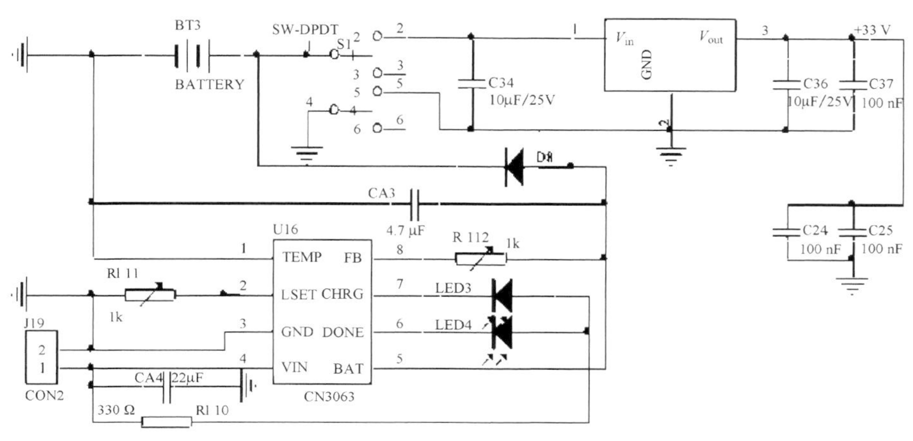

图5.5 电源电路

(3) 传感器终端节点硬件平台

ZigBee无线网络系统构建,监测内容有降水、蒸发、径流、土壤墒情等自然水循环和取水、输水、用水、耗水、排水等社会水循环过程及其衍生各种涉水过程中所产生的多元信息等。对于这些参数,根据各个参数采集的传感器输出信号,可以分为四类:电压量、电流量、开关量和频率量。这里的传感器终端节点为一种带有通用接口的结构组成,其通用结构组成框图如图5.6所示。

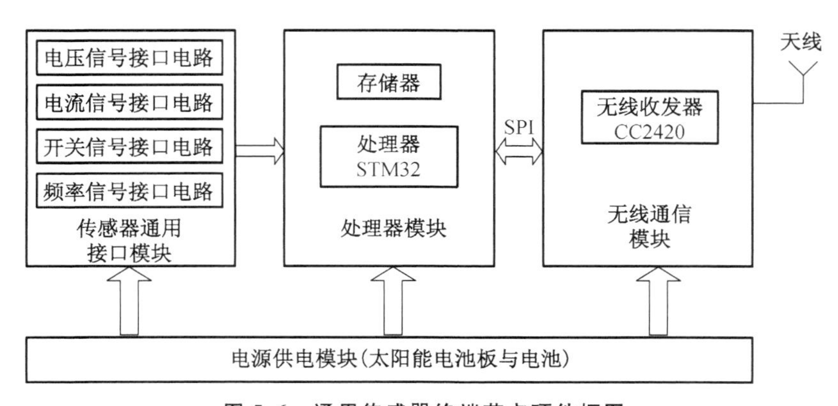

图5.6 通用传感器终端节点硬件框图

由图5.6可知,ZigBee网络传感器终端节点由传感器通用接口模块、数据处理与控制模块、无线通信模块和能量供应模块四部分组成。传感器通用接口模块负责监测区域内传感器输出信号的转换和调理,将传感器的输出信号变换成处理器可以接受的通用信号;处理器模块是整个传感器节点的核心部分,不仅存储和处理传感器采集的数据,其他节点发来的数据也是由它操作;无线通信模块主要实现与其他的传感器节点和网络协调器节点交换控制信息和收发数据;电源供电模块是为整个节点的可靠稳定运行提供能量。

传感器采集监测区域内的各项参数,主要是对降水、蒸发、径流、土壤墒情等自然水循环和取水、输水、用水、耗水、排水等社会水循环过程及其衍生各种涉水过程中所产生的多元信息等参数的采集,采用 ZigBee 协议将数据通过无线通信的方式,经过无线、自组织、多跳的方式发送到网络协调器节点,网络协调器节点再将这些水文信息通过 GPRS 无线网络传送到远程监控中心,监控中心对水文信息数据进行分析、处理、统计及评估等,实现实时、准确地对监测区域进行监控(张云飞,2011)。

(4) 传感器终端节点硬件

传感器终端节点硬件中,处理器模块、ZigBee 无线通信模块和电源模块的硬件与前面所述网络协调器节点的硬件相同,包括处理器、无线射频模块等硬件选型和各部分硬件电路实现都一样。这里主要对传感器通用接口模块进行介绍。

① 通用模拟信号处理接口

在实际应用过程中,由于传感器输出的信号类型各不相同,因此通用模拟信号接口电路供模拟信号的采集。通用模拟信号接口电路主要是对传感器输出信号为标准或非标准的电压和电流信号(1～5 V、0～10 V、4～20 mA、0～10 mA)进行处理,同时能够将微弱信号进行放大并做相应的转换处理。

利用 STM32 处理器中的 1 路 12 位 A/D 转换、Mrcrochip 公司的可编程增益放大器(Programmable Gain Amplifier, PGA)MCP6S28 及简单的滤波保护电路组成通用模拟信号采集电路,可以采集 8 路模拟信号,如图 5.7 所示。

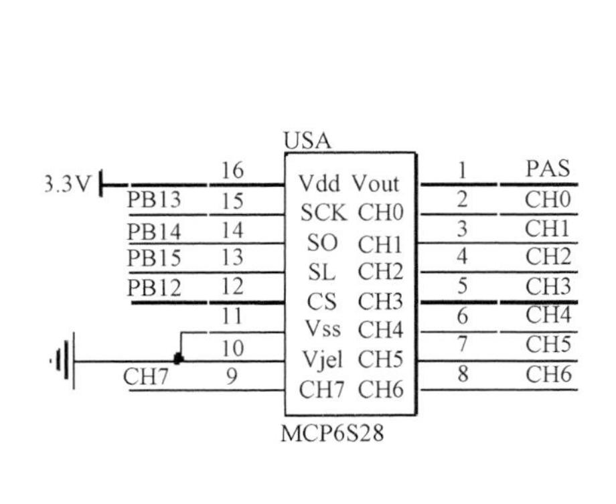

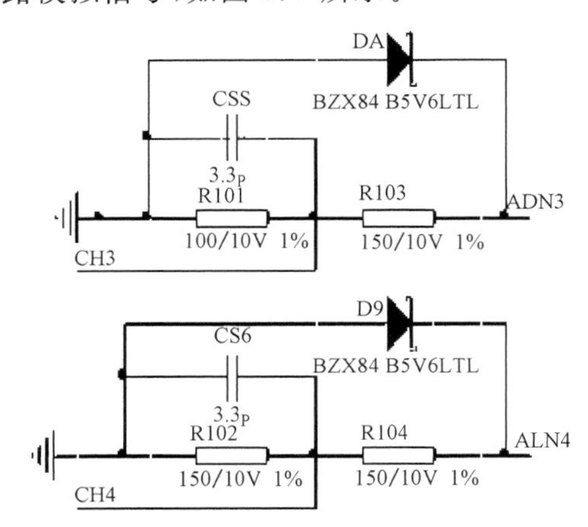

图 5.7　12 位精度 A/D 转换通用模拟信号采集电路

图 5.7 中,芯片 MCP6S28 是集成了放大器、模拟多路开关及 SPI 接口的器

件，利用SPI总线可以操作增益控制器对增益进行设置。因此，通过有效的控制增益及输入通道的选择，大大提高了其灵活性。此外，图中的精密电阻用来精确地分压和将电流信号转换为电压信号。稳压二极管BZX84 B5V6LTL起保护电路的作用，防止意外干扰信号造成MCP6S28的损坏。电阻和电容组成了RC低通滤波电路，消除对电路影响的干扰信号。

另外，为了使系统能够测量差分信号，本书用如图5.8所示的电路对传感器输出差分信号进行处理。

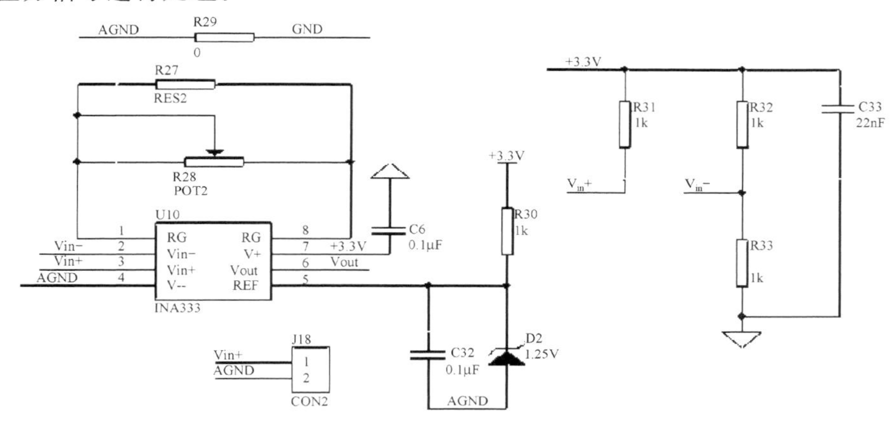

图5.8　差分信号处理电路

② 开关量、频率量测量接口

开关量、频率量测量电路见图5.9，该电路利用光电耦合器TLP521－2将开关量、频率量信号进行转换，然后经施密特触发器SN74LVCZG14整形，将整形后的信号送入处理器的I/O口上。频率信号可以通过处理器的输入捕获功能计算出频率值。

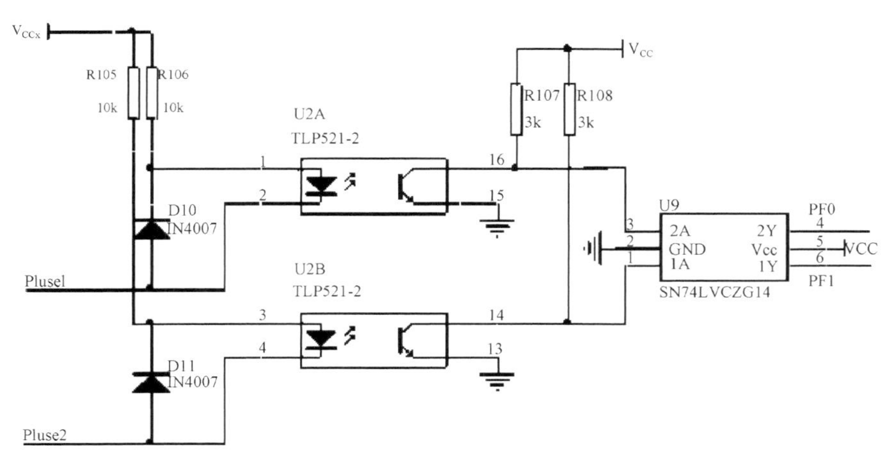

图5.9　开关量、频率量测量电路

传感器终端节点实物如图 5.10、图 5.11 所示。

图 5.10 传感器终端节点实物图

图 5.11 传感器终端节点实物封装图

(5) 网络协调器软件

节点软件是数据传输网络的核心,分为网络协调器节点和传感器终端节点的软件,这里主要针对协调器的功能对其进行设计及调试,其设计思想采用分层结构、模块化程序设计。

按照网络协调器实现的功能和逻辑,采用分层模块化的软件思想,将网络协调器节点的软件架构划分为三层:硬件驱动层、系统服务层和应用程序层,这三层之间通过一定的接口函数相互联系。图 5.12 所示为网络协调器节点软件框图。

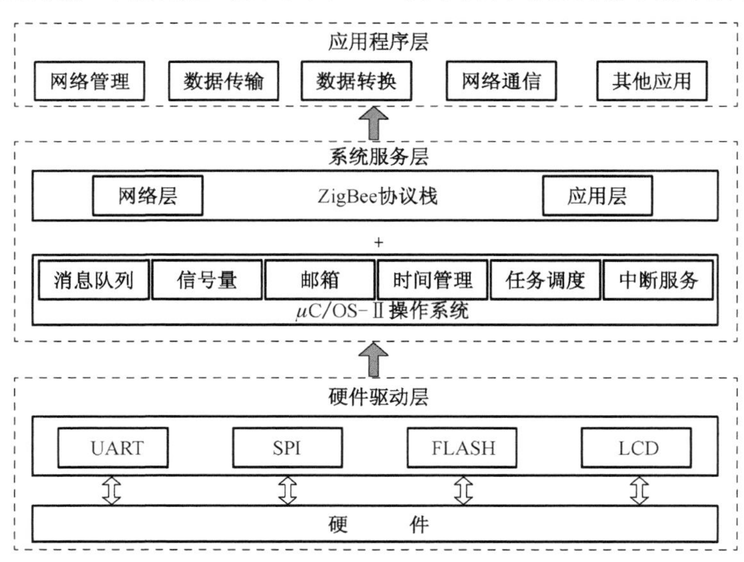

图 5.12 网络协调器节点软件框图

硬件驱动层主要设计处理硬件的驱动程序，对所使用的资源进行初始化、参数配置、激活等，便于在应用程序中直接访问硬件资源的寄存器就可以使用该硬件资源。

系统服务层主要是对 μC/OS-Ⅱ实时操作系统和 ZigBee 协议栈的移植进行的。μC/OS-Ⅱ实时操作系统主要用于建立和管理各模块的任务，实现任务间的通信、调度与同步等，并为各模块的应用程序提供任务调度、消息队列、信号量、时间管理、中断系统等服务。ZigBee 协议栈的移植主要是将协议栈结构的物理层、媒体介质访问层、网络层和应用层移植到处理器中，为数据安全、可靠地传输提供保障(张云飞，2011)。

应用程序层是在 μC/OS-Ⅱ操作系统和 ZigBee 协议栈的基础上，根据用户的具体应用需求建立不同的任务，利用它们提供的接口函数，实现 ZigBee 网络的管理与数据收发等任务。

网络协调器的应用程序是在 μC/OS-Ⅱ操作系统和 ZigBee 协议栈的基础上进行。

① 网络协调器任务的划分

在 ZigBee 网络中，协调器负责网络的管理与数据的收集整理工作，主要实现网络的组建、管理、数据处理等功能。根据功能需求，结合 μC/OS-Ⅱ操作系统的自身特点，将系统软件主要划分为以下任务：主任务、建立网络任务、ZigBee 数据处理任务、显示任务和触摸键盘扫描任务，并根据任务的重要性分配各任务不同的优先级。此外，ZigBee 数据接收是靠 CC2420 产生的中断完成的(张云飞，2011)。因此，还要中断服务子程序。

② 系统主程序

系统主程序的任务主要完成 μC/OS-Ⅱ操作系统初始化、ZigBee 协议栈初始化、硬件外设初始化、创建消息队列、创建系统任务等工作，为硬件平台、操作系统及协议栈正常运行提供一个良好的环境。首先调用 OSInit()函数初始化操作系统所有的变量和数据结构，其次调用 TargetInit()函数初始化 STM32 处理器及外设，然后调用 ZigBeeInit()函数对 ZigBee 协议栈的各层初始化，再通过调用 OSTaskCreate()函数依次创建各个任务，并且分配优先级，将所有新建任务置就绪状态，最后调用 OSStart()函数启动多任务调度(张云飞，2011)。网络协调器主程序流程图如图 5.13 所示。

(6) 传感器终端节点软件

传感器终端节点的软件主要包括设备入网程序、数据采集程序、数据收发程序和路由功能实现等模块。与网络协调器节点相比，传感器节点实现的功能简单，程序也相对简单，而且有相似之处(郑云等，2010)。下面仅给出主程序及数据采集程序。

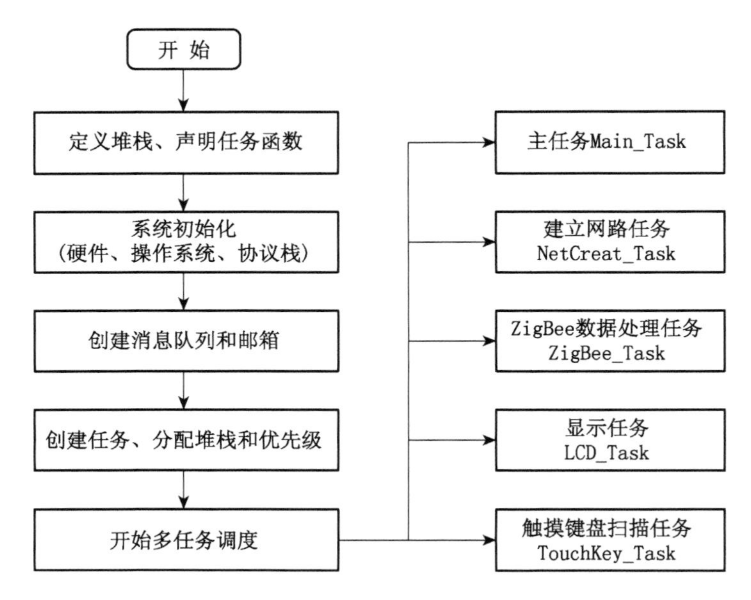

图 5.13　网络协调器主程序流程图

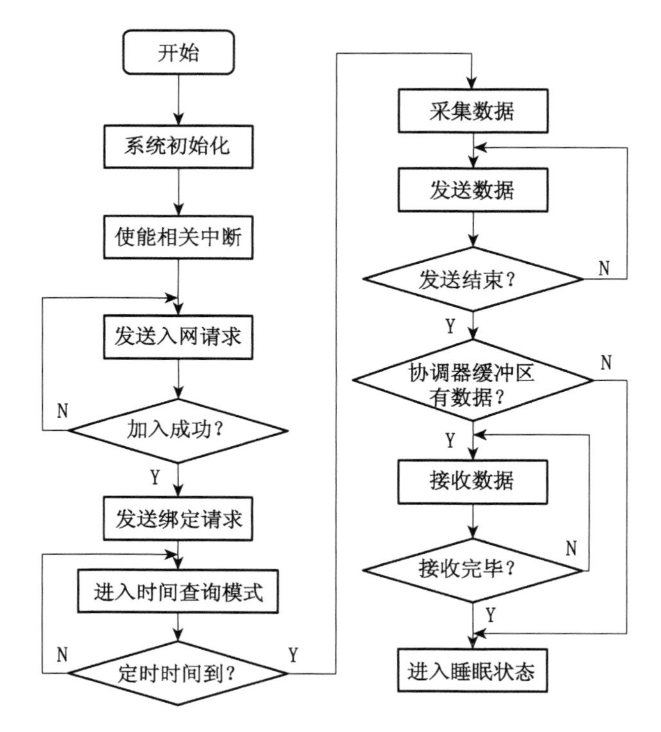

图 5.14　传感器终端节点主程序流程图

① 主程序

传感器节点加电后，首先要进行系统初始化，包括硬件初始化、协议栈初始化等，完成节点工作模式、参数设置等。初始化完成后，节点要搜索网络，向网络协调器节点申请入网，并等待协调器的应答信号。当传感器节点接到应答信号后，传感器节点就可以加入网络。如果有需要绑定的需求，可以向网络协调器节点发送绑定请求，以便终端节点与协调器节点关联起来。最后进入事件查询模式，节点定时查询事件的发生。事件查询包括物理层、媒体接入控制层、网络层和应用层对应发生的事件。

为了降低终端节点的功耗，终端节点设定为两种工作模式：睡眠模式和工作模式。在处于睡眠模式时，传感器节点会定期醒来，采集水文数据，并把数据封装成一定的数据包格式发送出去。同时向协调器发送数据请求命令，此时协调器节点会将缓存的数据帧传送给传感器节点的接收缓冲区。若缓存区没有数据，传感器节点继续转入睡眠状态，进入低功耗模式。传感器终端节点主程序流程图如图5.14所示。

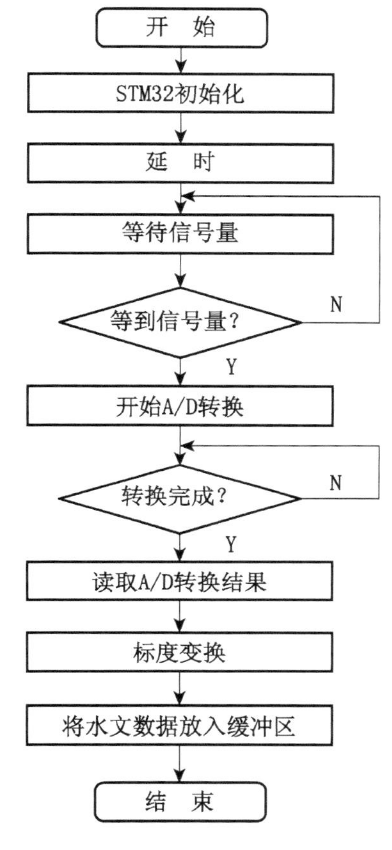

图5.15　数据采集流程图

② 数据采集程序

数据采集是传感器节点的主要功能之一。当传感器节点加入网络网路后，便可以执行数据采集程序。为了降低节点的功耗，当传感器采集完数据并发送出去，节点就进入低功耗模式，进入睡眠模式。直到定时间隔时间到，节点才会被唤醒，开始下一周期的数据采集与发送(图5.15)。STM32利用自身的12位A/D转换器，进行对水文信息进行采集。

(7) ZigBee动态组网

① ZigBee组网过程

首先要选取一个具有ZigBee协调点功能的节点作为该网络的协调器，要保证这个节点没有加入到其他的网络中，这个协调器要进行IEEE 802.15.4中的能量探测和主动扫描(李莉，2013)，其组网流程如图5.16所示。

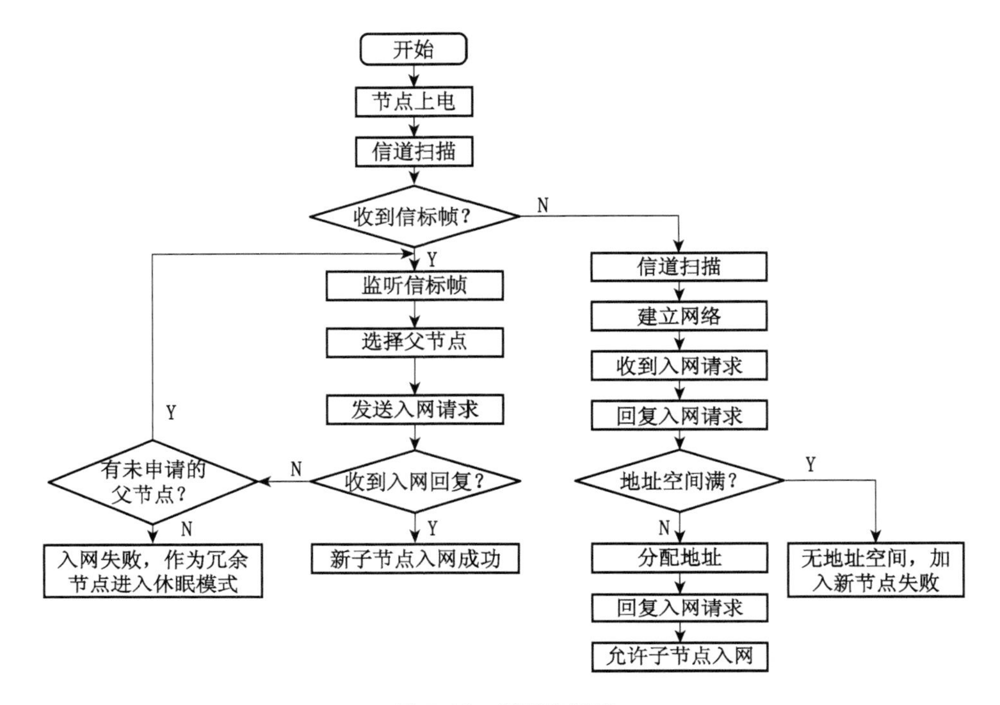

图 5.16　组网流程图

首先选择一个没有探测到网络的空闲信道，或者是探测网络中最少的信道，然后确定自己的网络地址（16 字节）、网络的 PAN ID（不能与所选信道中网络的 PAN ID 相同）、拓扑参数等。

选择好各项参数后，该协调器就可以接收来自其他节点的入网要求，当其他节点想加入到当前所组成的网络时，可以向该协调器发送入网请求，如果收到请求的协调器将其接收为子节点，则该协调器会为该节点自动分配一个 16 字节的网络地址，该网络地址在此网络中是唯一的，并且完成后会发送同意接收的信号，发出申请的节点收到回复后，将自己的 PAN ID 标识与协调点的标识统一，至此，意味着该节点已成功加入到了网络中。成功加入后，它也可以接收其他子节点发出的入网申请（徐小涛等，2009）。

ZigBee 网络组成后，每一个新加入的节点都有一个由接受它进入网络的子节点分配给它一个 16 字节网络短地址和一个 64 字节的 IEEE 扩展地址。网络短地址相当于 Internet 中的 IP 地址，仅可以用于网络中数据的传输；而 IEEE 扩展地址类似于 Internet 中的 MAC 地址，是这个节点在网络中的唯一标识。网络中的所有节点通过不同的 MAC 地址以及彼此之间的相互联络的关系，组成了一个相互关联的逻辑网络，所有新加入到网络的节点都会得到接收它进入网络的子节点分配给它的网络地址，它们之间形成了相互之间的联系（李运鹏等，2009）。

② ZigBee 网络的建立

ZigBee 网络建立的核心设备是网络协调器。网络协调器在上电初始化完成后，网络层就会通过建立网络服务原语准备建立网络，然后网络层向 MAC 层发送扫描信道服务原语。当 MAC 层收到该服务原语，MAC 层就会进行信道扫描，直到搜索到一个最佳信道为止，把此信道作为网络通信的最佳信道。然后，协调器给自己分配一个网络地址标识，作为在网络中的节点号，至此，ZigBee 网路建立成功。建立网络流程图如图 5.17 所示。

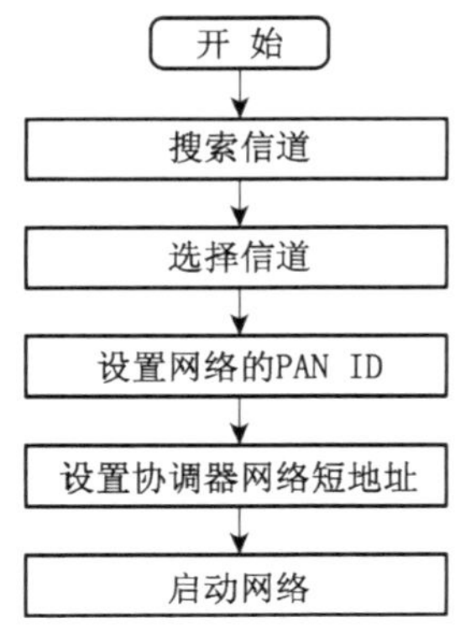

图 5.17　建立网络流程图

③ ZigBee 节点加入网络

在网络协调器节点成功建立网络后，传感器终端节点就可以加入新建的网络中。在节点加入网络的过程中，一个节点允许另一个节点加入网络，则这两个节点就形成"父子关系"。新加入的节点是子节点，允许加入的节点是父节点。在这里父节点便是网络协调器，子节点便是传感器终端节点。子节点加电硬件初始化后，就会搜索网络的存在与否。一旦搜索到了网络的存在，子节点就会向网络协调器节点发送入网请求。网络协调器节点收到入网请求后，根据网络的情况，决定是否允许该节点加入网络。如果允许加入网络，则向该节点发送确认请求，允许该节点加入网络。子节点接收到请求响应后，则会与网络建立联系，并获得网络协调器分配给该节点的一个 16 位的网络地址，这个地址就是该子节点在网络中的唯一标识。这样，该子节点就成功加入了该网络中。其入网流程如图 5.18 所示。

2）GPRS 传输网络设计

（1）GPRS 网络节点硬件平台

① GPRS 模块选型

GPRS 通信模块采用天同诚业公司的 W－801G，它能够实现 GSM 和 GPRS 功能采用 SMT 封装形式（马丽芳，2013）。该模块使用 3.3～4.2 V 的外部直流电源供电。提供 UART、SIM 卡、ADC 接口等，支持 GPRS，支持 AT 命令集，还可以提供丰富的语音和数据业务等功能。

W－801G 属于一个工业级的 GPRS 无线模块，提供标准 RS232/485/422 数据接口和标准的 SIM 卡接口，能够方便地连接其他拥有串口的设备。用户设备可以与服务器端通过 GPRS 无线网络和 Internet 网络建立连接，实现数据传输（马丽芳，2013）。GPRS 与服务的通信和协议转换的过程如图 5.19 所示。

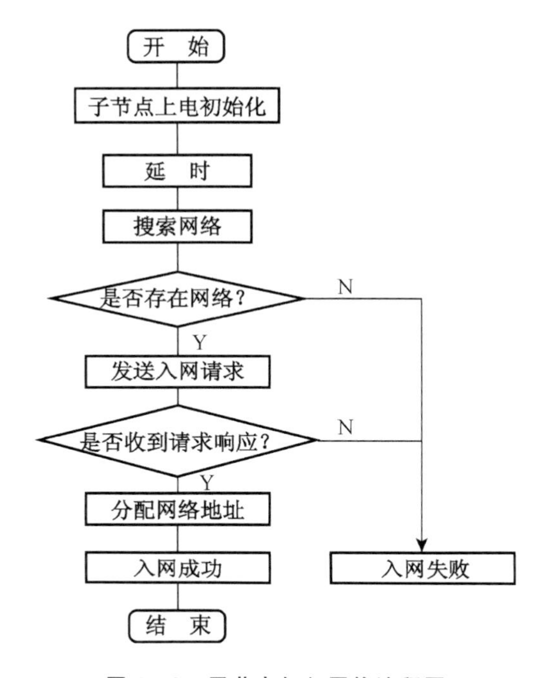

图 5.18 子节点加入网络流程图

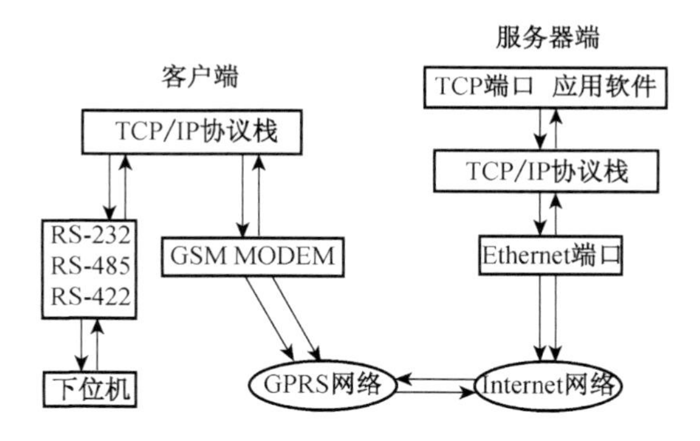

图 5.19 W-801G GPRS 与服务的通信和协议转换图

② GPRS 模块电路

GPRS 通信模块采用 W-801G 模块,SMT 封装形式,外形小。提供工作电压的是 SIMVCC 引脚,SIMRST 引脚是复位引脚,SIMCLK 是时钟频率输入的引脚,SIMI/O 是负责数据交互的 I/O 引脚,LED 显示 GPRS 的工作状态(周鹏,2013)。GPRS 电路如图 5.20 所示。

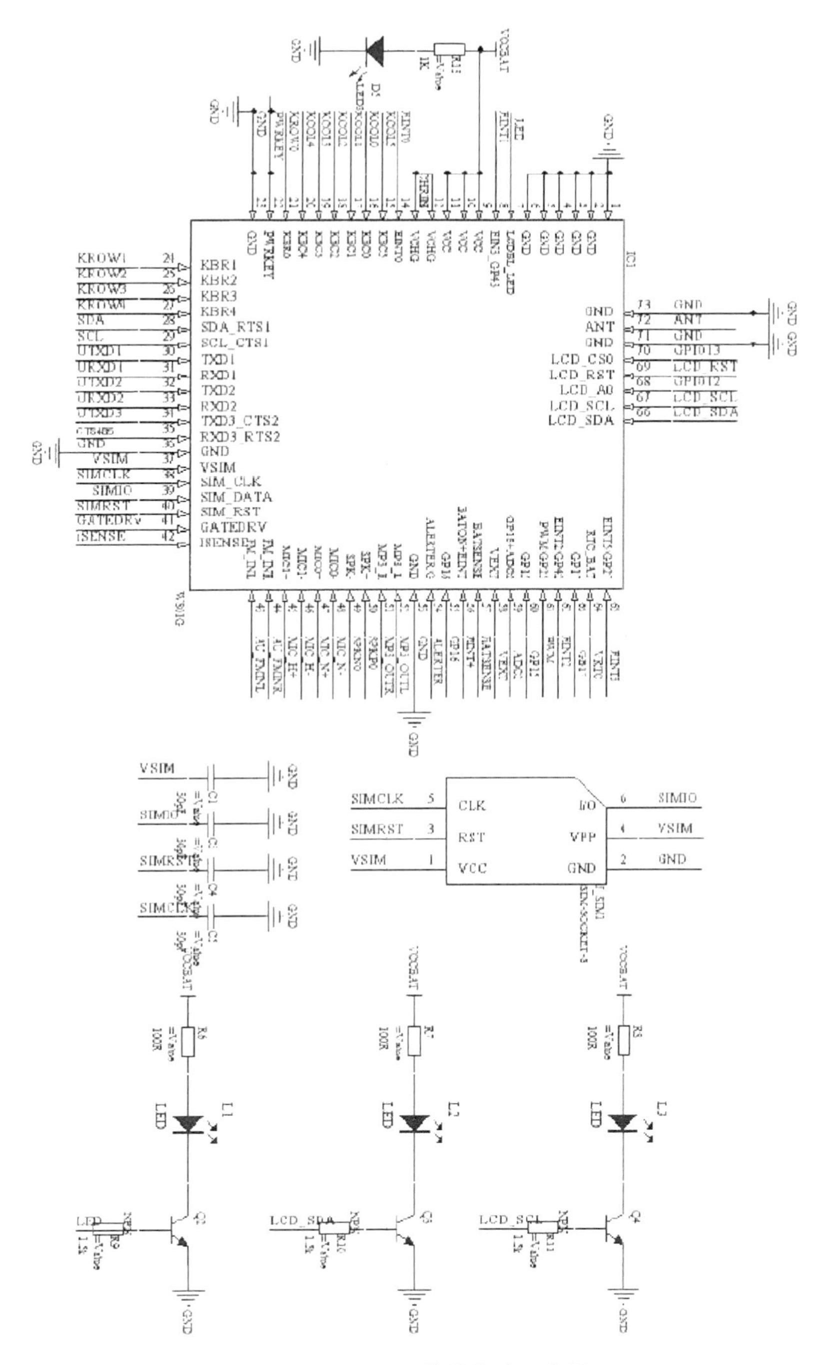

图 5.20　GPRS 模块电路示意图

③ GPRS 模块供电

由于协调器位于网络的中心，需要常开，我们需要对其长期供电，因此这里协调器使用开关电源，且将锂电池作为备用电源。且使用 LM2596-ADJ 为 GPRS 供电芯片。LM2596 固定输出电压有 3.3V、5 V 和 15 V 三种类型。

这里采用 LM2596-ADJ（周鹏，2013）。它是一款可调输出点电压的芯片，调节的范围是 1.23～27 V。LM2596-ADJ 能达到我们的要求，通过配置反馈端到地和反馈端到输出的电阻比例，LM2596 便能输出 3.8 V 的电压。LM2596 只需要 4 个外接元件，这个电路便能正常的工作，开关电源电路变得十分得方便。由于要保证设备的体积，采用 TO-263 的贴片封装。LM2596 的输出误差在±4 %的范围内，保证了电路的纹波系数很小。最低功耗下有 80μA 的电流，节约了电量的消耗；LM2596 有保护电路。当电路处于过载状态时，输出端输出 0 V 的电压并进入保护状态。GPRS 电源部分如图 5.21 所示：*R*8 和 *R*10 决定了该电路的输出只有 3.8 V。输入端采用 470 μF 的大电容，D4 属于吸纳二极管，L1 和 C18 存储能量保证了 LM2596 能够稳定地输出。

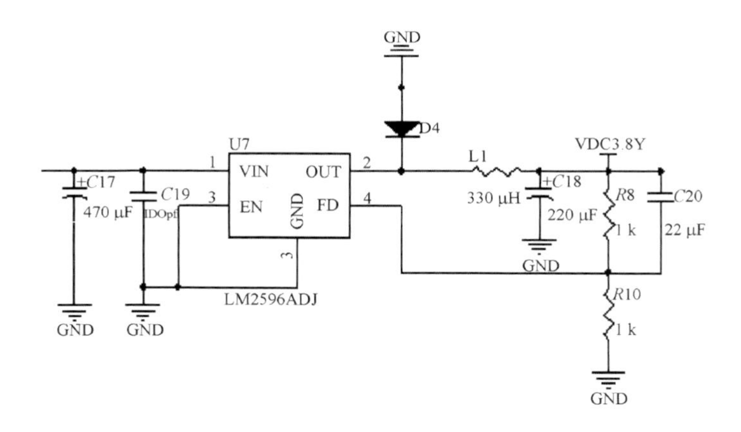

图 5.21　GPRS 电源电路

④ GPRS 模块与 ZigBee 模块硬件连接

GPRS 模块需要与 ZigBee 无线采集网络中的网络协调器进行数据通信，这里借助串行 UART 接口实现 CC2420 与 W-801G 模块之间的连接。硬件连接电路图如图 5.22 所示。

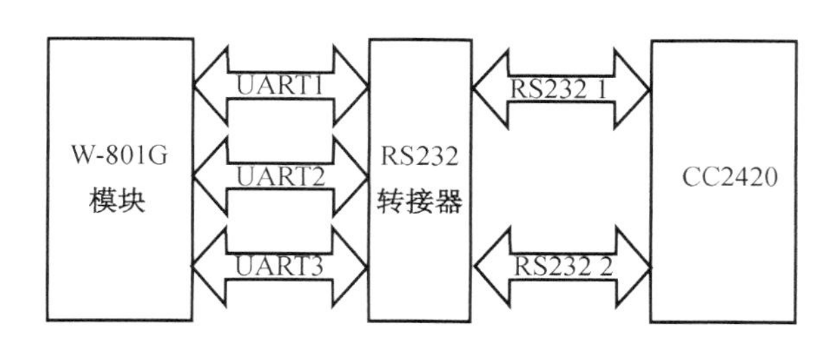

图 5.22 W－801G 与 CC2420 连接图

在本中，W－801G GPRS 模块主要用了如下几个管脚，管脚的序号和名称如表 5.2 所示。

表 5.2 GPRS 模块的引脚

管脚序号	管脚名称
PIN_37	VSIM
PIN_38	SIMCLK
PIN_39	SIMIO
PIN_40	SIMRST
PIN_36	GND
PIN_30	UTXD1
PIN_31	URXD1

该模块主要用了 PIN_30 与 PIN_31 两个管脚进行数据的发送和接收，该 UART 接口与外界进行串行通信，PIN_37 到 PIN_40 是 SIM 卡接口电路，可使用具有特定号码的 SIM 卡。具体硬件电路图如图 5.23 所示。

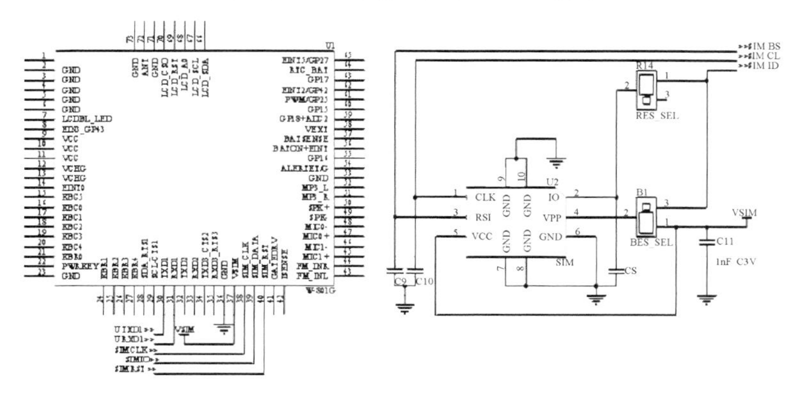

图 5.23 GPRS 通信模块硬件电路示意图

(2) GPRS网络节点软件

GPRS模块是时空连续多元数据传输网络的另一个重要组成部分,它负责ZigBee网络协调器与监控中心的数据传输。GPRS通信以IP地址为基础,监控中心与GPRS模块之间的通信首先要知道GPRS模块的IP地址;监控中心自身采用固定的IP地址,可以将终端号码与IP地址相对应,这样保持通信链路的畅通。在串口初始化后,首先要设置GPRS的模式,确定是短信模式还是无线数据传输模式,然后开始通信。具体通信请求如图5.24所示。

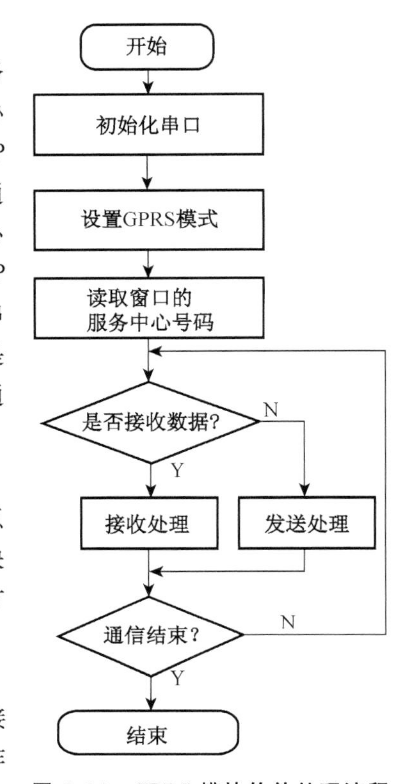

图5.24　GPRS模块软件处理流程

① 通信规则与数据帧结构

时空连续多元数据传输网络中ZigBee节点间是通过无线自组织网络进行通信,GPRS模块和ZigBee中心节点间采用RS485串口通信方式进行通信。

② GPRS与ZigBee中心节点通信规则

GPRS模块和ZigBee中心节点采用RS485接口连接,GPRS作为通信主机,ZigBee中心节点作为通信从机,其通信基本规则如下(吴世振,2013):

a. 通信连接采用RS485,双向半双工,通信波特率为9 600 bps。

b. 线路空闲状态为二进制1。

c. 数据接收方校验。对于每一个字节:校验启动位、停止位;对于每一数据帧:检验帧的起始符和结束符,识别数据域长度L,帧校验和。

d. 采用点名查询的方式进行数据接收。

e. 总是主机向从机发送一个数据包,从机收到数据包后向主机回复一个数据包。

f. 不管是主机还是从机,只要收到的数据包有任何错误,都将丢弃该数据包,等效于没有接收。

g. 从机之间不能相互通信,必须通过主机才能交换数据。

③ 数据帧结构

本通信规则为主-从结构的半双工通信方式。通信链路的建立与解除均由主机发出的信息帧来控制,每帧由帧起始符、地址、控制码、数据域长度、数据域、帧信息纵向校验码以及帧结束符7个部分组成,每个部分由若干字节组成(余琴,2006)。每字节含8位二进制码,传输时加上一个起始位(0)和一个停止位(1),无奇偶检验位,共 10 位，字节传输时先传低位，后传高位。数据帧结构代码见表 5.3。

表 5.3　数据帧结构

说明	代码	说明	代码
帧起始符	68H	数据域	DATA
地址域	A	校验码	CS
控制码	C	结束符	16H
数据域长度	L		

表中帧起始符 68H，标志一帧信息的开始，其值为 68H＝01101000B。地址域 A 由 2 个字节组成，表示从机地址（低字节）和控制目的分保地址（高字节）。当目的分保地址为 00H 时，表示控制所有连接分保地址的信息。数据域长度 L 为数据域的字节数，即 DATA 所包含的字节，L＝00H 即代表没有数据。数据域 DATA 包括数据标识和数据，其结构随控制码（表 5.4）的功能而改变，数据通信采用十六进制数透明传输，通信时，下行通信数据（主机到从机）数据域不包括数据标识，上行通信数据（从机到主机）数据域包括数据标识和数据。校验码 CS，即从第一个帧起始符开始到校验码前所有各字节的和对 256 求模，即各字节二进制算术和，不计超出 256 的溢出值（吴林高，2006）。

表 5.4　控制码

D7	D6	D5	D4	D3	D2	D1	D0

D7 为传输方向，0：主机发出的命令帧；1：从机发出的应答帧。

D6 为读取存储数据，0：主机发出的控制命令；1：主机读取的存储信息。

D4～D0 为功能码：

00000：读告警参数；

00001：读从机设置参数；

00010：读从机运行参数；

00011：控制从机目的地址合闸；

00100：控制从机目的地址分闸；

00101：设置漏电电流挡位；

00110：设置负载电流挡位；

00111：设置分断时间挡位；

10000：读取从机数量、地址。

在主机发送数据帧信息之前，先发送 4 个前导字节 FEH 以唤醒从机。然后开始进行数据通信，所有数据均先传送低位字节，后传送高位字节。每次通信都是由主机向按信息帧地址域选择的从机发出请求命令帧开始，被请求的从机接收到命令后作出响应。

收到命令帧后的响应延时 T_d:10 ms≤ T_d≤200 ms。

字节之间停顿时间 T_b: T_b≤1 ms。

帧校验为纵向信息校验和,若接收方纵向信息校验和出错,则放弃该信息帧,不予响应。

3) 远程监控平台设计

监测中心主要是实现远程监控的功能,主要利用计算机技术和数据库技术搭建软件平台,实现对监测区域的数据远程管理与显示。监控中心可以对运行中的监控终端进行参数设置,以及对数据的处理、存储及分析(张洋洋等,2012)。远程监控平台主要分为数据采集层、网络传输、数据资源层、应用支撑层和业务应用层五个层次,其总体框架如图 5.25 所示(郭永平,2012)。

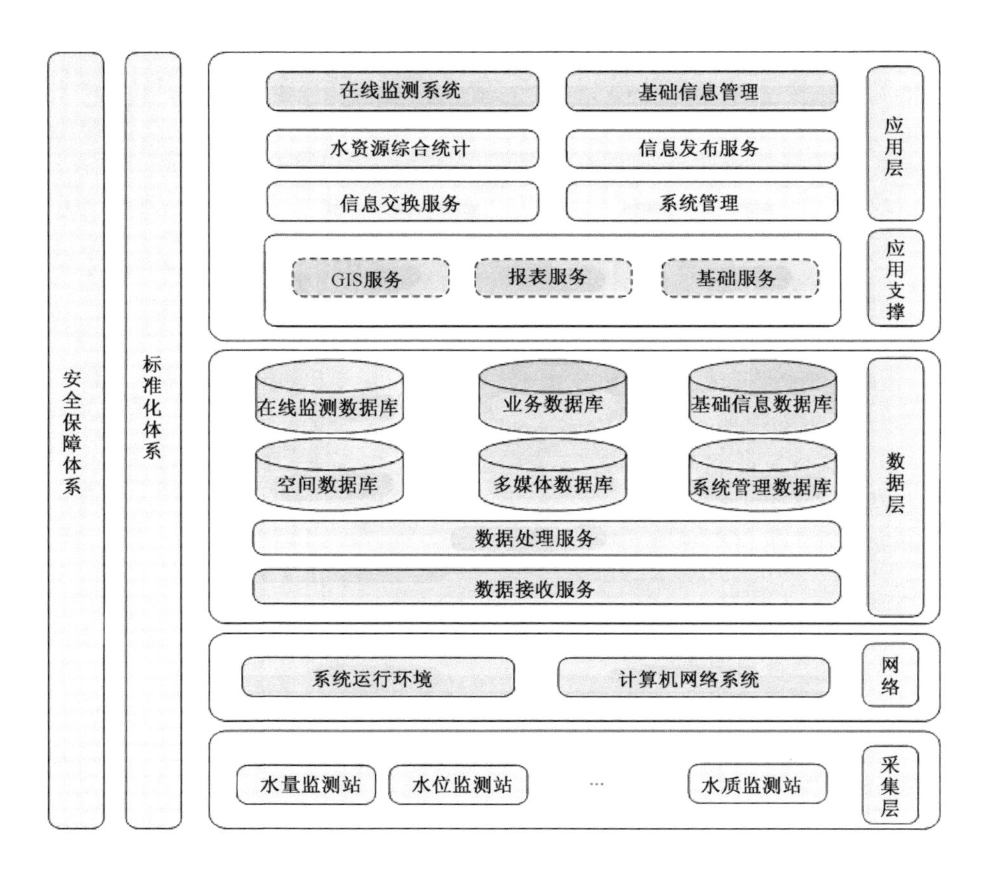

图 5.25　远程监控平台总体框架

(1)系统功能组成

监控平台分为基础信息管理、水资源时空连续多元数据在线监测(包括时空连续多元数据接收)、水资源多元数据综合统计、水资源信息服务和系统管理五个子系统,其功能组成及层次关系如图 5.26 所示。

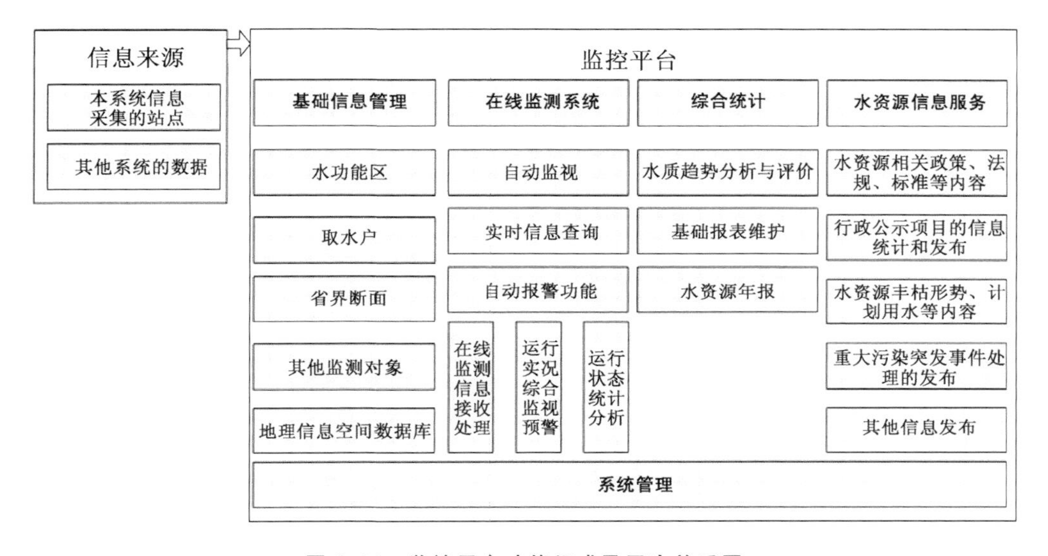

图 5.26　监控平台功能组成及层次关系图

① 基础信息管理:完成对流域内河流基本信息、水源地信息、地表水取水口信息、取水用户信息、地下水水源井信息、入河排污口信息、污水处理厂信息、灌区基本信息、水厂信息的维护和查询。

② 在线监测系统:完成时空连续多元数据信息采集工作,实现监测数据的接收、处理、存储工作,并对采集信息进行展现、分析与整理,直观地反映水资源形势及开发利用状况。

③ 水资源综合统计:针对系统管理的对象进行数据的二次处理分析,为管理决策提供数据支持,以报表等形式完成资料的整编和输出。

④ 水资源信息服务:将水资源时空连续多元数据监测信息通过审核、人工干预后,向社会公众和社会取水户进行公开发布。

⑤ 系统管理:完成组织机构管理及安全策略设置,为整个系统提供安全及辅助性功能。

(2) 总体界面

操作界面是用户与系统交互的接口,进行人机分工时,要充分发挥人机的各自特点。界面设计充分考虑用户界面、菜单格式、快捷键等符合人机功效原则。登录后进入主框架页，主框架页由导航栏、菜单栏、工作区、快速通道四部分组成，界面组成如图 5.27 所示。

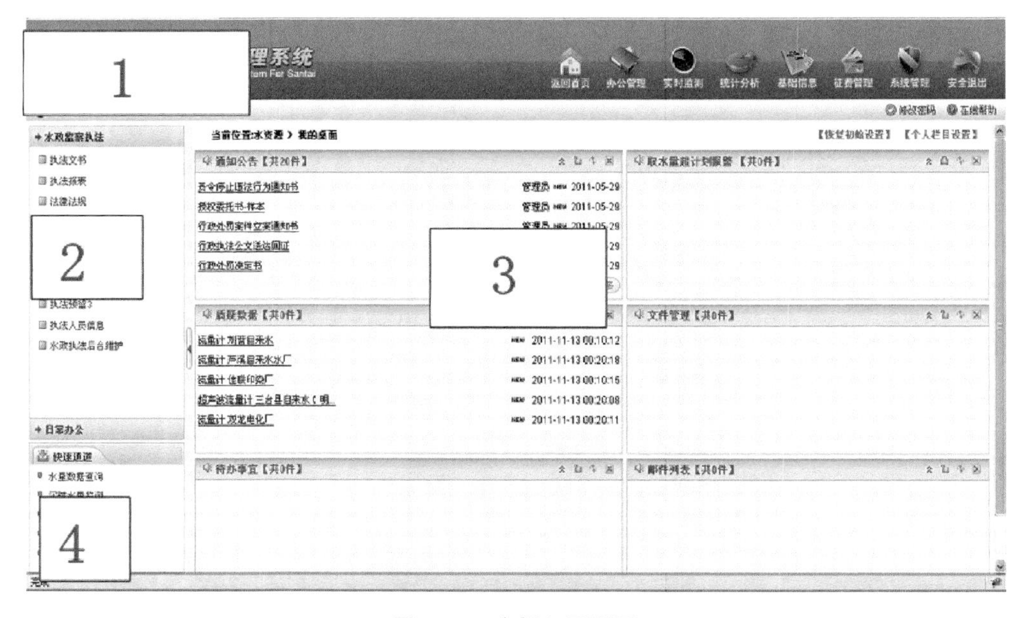

图 5.27　主框架页界面

① 导航栏：如图 5.27 中“1”区所示。位于框架网页的顶部，展示系统 logo、一级菜单和修改密码、系统帮助、注销等常用操作。

② 菜单栏：如图 5.27 中“2”区所示。位于框架网页的左侧，包括功能分组（二级菜单）和功能项（三级菜单），为了使用方便，系统不提供三级以上菜单项，而由功能项连接的功能导航页面代替。

③ 工作区：如图 5.27 中“3”区所示。位于导航区的下部和菜单区右侧，是用户进行查询、输入、统计、展示的主要操作区域，展示区类似页面容器，完成具体的列表页面、新增页面、修改页面、详细信息页面的装载。

④ 快速通道：如图 5.27 中“4”区所示。位于菜单区下方，系统根据记录的用户操作菜单项次数，动态展示用户最常用的 5 项功能，类似于桌面快捷方式，点击功能项后直接进入相应的功能模块。

（3）系统详细功能

① 基础信息管理子系统

基础信息管理子系统是基于时空连续多元数据信息库而建设的，内容包括河流流域信息、水功能区划信息、水利工程信息、水源地信息、取水户信息等。该些功能组成框图如图 5.28 所示。

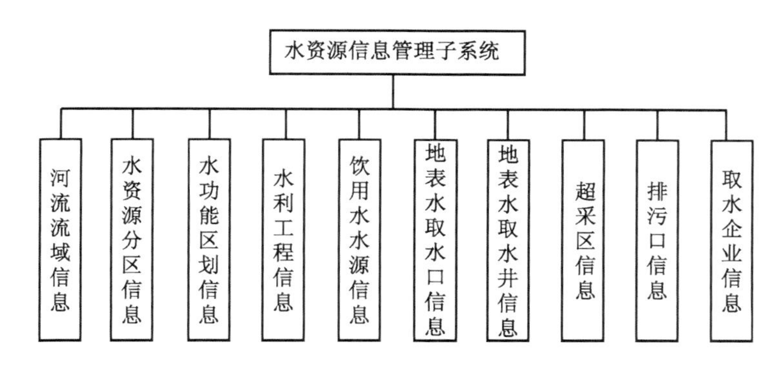

图 5.28　基础信息管理子系统功能框图

基础信息管理子系统中各功能模块的各项操作基本是一致的，包括增加、导入、删除、修改、查询等。操作界面均由列表页面、添加页面、修改页面和浏览页面四种页面组成。

a. 列表页面：由查询栏、操作栏和显示栏组成。查询栏中可以摆放一到六个查询条件，用户可以选择其中的一个或多个查询条件完成查询，将查询的结果以分页列表形式显示；操作区位于查询区域和列表显示区之间，包括添加、删除、修改、导入等按钮；显示区由列头、表体和分页控件组成，记录列的第一列为选择列，支持单选、多选等操作，第二列为超链列，点击超链列可查看记录的详细信息，列表页面如图 5.29 所示。

组织机构　　修改密码　在线帮助

监测站管理

监测站名称　站号　地址码
管理权限 请选择　行政区划　搜索

添加　删除

□	取水户名称	监测站名称	管理权限	地址码	站号	行政区划	自报周期	操作
□		县自来水公司(待安装)		0072	0000026	三台县	60	修改 删除
□	观桥自来水厂	观桥RTU(流量2水表1)	县级	0072	0000025	三台县	60	修改 删除
□	芦溪中学取水点	流量 芦溪中学取水井	县级	0072	0000024	三台县	60	修改 删除
□		明渠排污 启明星磷酸盐		0072	0000039	三台县	60	修改 删除
□	四川棉麻集团绵阳纺织有限公司	流量 四川棉纺织厂	县级	0072	0000002	三台县	60	修改 删除
□	三台县自来水公司明台取水点	流量 三台县自来水（明台）	县级	0072	0000022	三台县	60	修改 删除
□	中新供水站	流量 中心供水站	县级	0072	0000006	三台县	60	修改 删除
□	亚新观麟(四川)零部件有限公司	流量 亚新科观麟有限公司公司	县级	0072	0000015	三台县	60	修改 删除
□	新生自来水厂	流量 新生自来水厂	县级	0072	0000012	三台县	60	修改 删除
□	塔山水利站	流量 塔山镇自来水厂	县级	0072	0000005	三台县	60	修改 删除

共 36 条　首页　上页　2　下页　末尾

图 5.29　列表页面示意图

b. 添加页面：点击列表页面的添加按钮，进入数据录入页面，数据录入页面，由输入标签和输入框组成，标签带有“＊”项为必输项。录入完成后，单击保存按钮进行保存，在保存前，系统对录入的数据进行有效性验证，验证通过后，将数据保存到数据库中，否则提示用户某项数据不合法。添加页面如图 5.30 所示。

蓄水工程基本信息

字段	输入	字段	输入
蓄水工程代码 *		蓄水工程名称 *	
管理权限	请选择	水资源分区	请选择
行政区划		水功能分区 *	请选择
所在乡镇		水源地	请选择
设计洪水位	m	正常蓄水位	m
死库容	万m³	死水位	m
兴利库容	万m³	水准基面	
调洪库容	万m³	工程等别	请选择
水库枢纽建筑物组成		集水面积	km²
建成日期		存在问题	
坝高	m	灌溉面积	km²
备注			

保存　返回

图 5.30　添加页面示意图

c. 修改页面：在列表页选中某条记录，点击修改按钮，进入数据维护页面，操作同添加页面，通过输入验证后，将数据保存到数据库中。

d. 浏览页面：在列表页选择某条记录进入相应详细信息浏览页面，浏览页面分为上下两个部分，上部为记录的详细描述，下部是同该记录有关联的业务模块，点击关联信息上的图标，便可以进入相应的功能模块。

② 在线监测子系统

监控平台包括后台数据接收服务和前台对监测数据展示处理两部分。数据接收服务是按照预设的频率完成数据导入、校核、计算、评价等内容，是监控系统中核心环节之一，将为 Windows 服务，程序执行的结果、异常等信息输出到日志文件中，提供管理员查阅。监测数据的展示则利用地理信息系统、图表等形式展示监测结果、告警信息、监测数据分析等。

③ 数据接收服务

数据接收服务中数据导入因硬件设备配套的通信值不同、其数据的接入过程不同，其数据处理也因使用评价处理的过程不同而不同，为了降低程序的复杂性和耦合度，将数据导入和数据处理列为两个独立的程序，两个程序通过接口表中的数据进行关联。由于数据接收服务是按照一定的频率在后台执行数据接收和处理入库操作，不需要用户进行干预，所以将数据导入和数据处理列为可配置化 Windows 服务。数据导入将报文解译结果存入监测接口表，监测接口表是临时表，可定期清理，数据处理则提取接口表中数据，对其进行校核、计算等处理，并将处理的结果存入永久存储的在线监测数据库中。

④ 监测数据展示

在线监测子系统提供对各类在线监测数据的信息服务，包括运行状况综合监视与预警、统计分析等。通过在线监测信息服务建设，可以实时掌握水源地、取水口、排污断面等水资源开发利用过程中的各类信息、掌握水质水量等时空连续多元数据的动态变化规律，逐步实现水资源时空连续多元数据的定量化管理。在线监测子系统功能如图 5.31 所示。

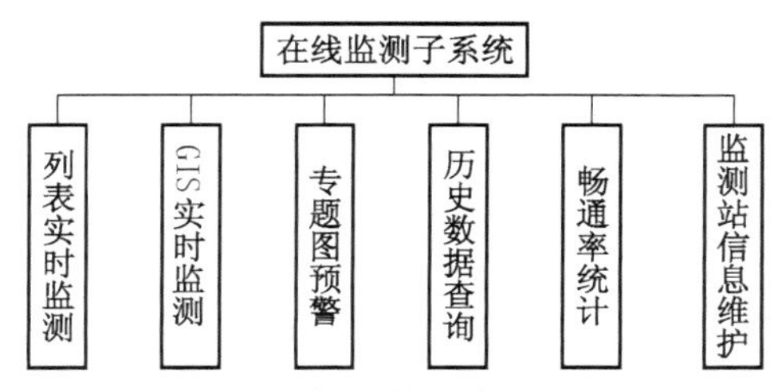

图 5.31　在线监测功能组成图

a. 列表实时监测：以表格的形式向管理人员展示监控对象当前用水量、水质、水位等监测数据及监测站状态信息，如有报警则通过声音及图标闪烁来提醒用户，管理人员可通过对列表记录进行操作，解除相关报警。

表格监测界面使用列表界面完成对水量、水质、水位实时数据、计算和评价结果、当前设备状态的展示。水量监测界面如图 5.32 所示。

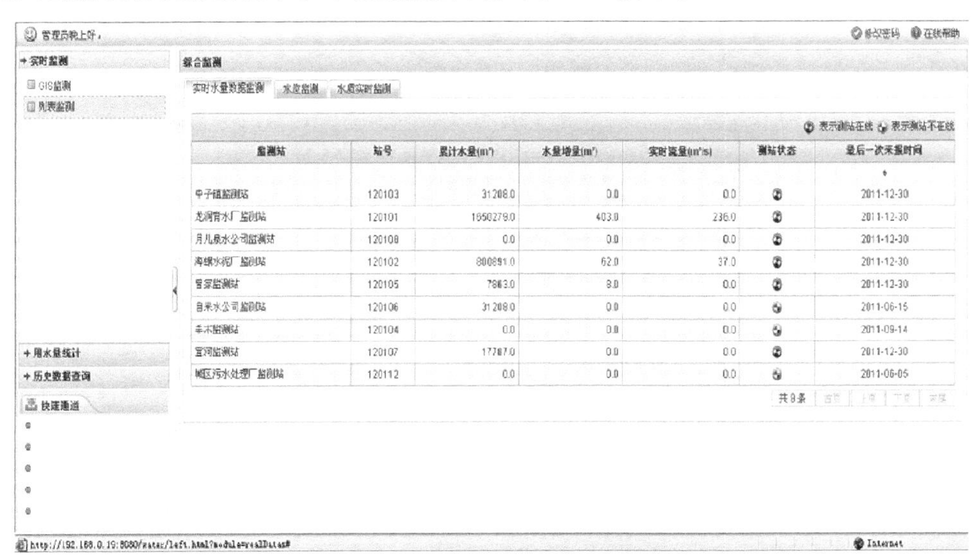

图 5.32　水量监测界面示意图

b. GIS 实时监测：GIS 实时监测通过 FLEX 调用远程 JAVA 对象，在调用成功后的回调中处理返回的数据。通过界面定时器刷新界面，向终端用户展示所有监测站（包括水位站、水质站、水量站、发电站）的最新监测数据，用户将鼠标移动到地图监测站图标上时，弹出窗口向用户展示该监测站监测数据的评价、计算结果，通过地图上图标闪烁、声音等提示报警信息，用户可以通过地图上的操作接触相关的报警。

c. 专题图预警：当某项参数超标，以专题图形式通过闪烁、声音进行报警，选择地图上的图标可以查看预警的具体信息，其操作界面如图 5.33 所示。

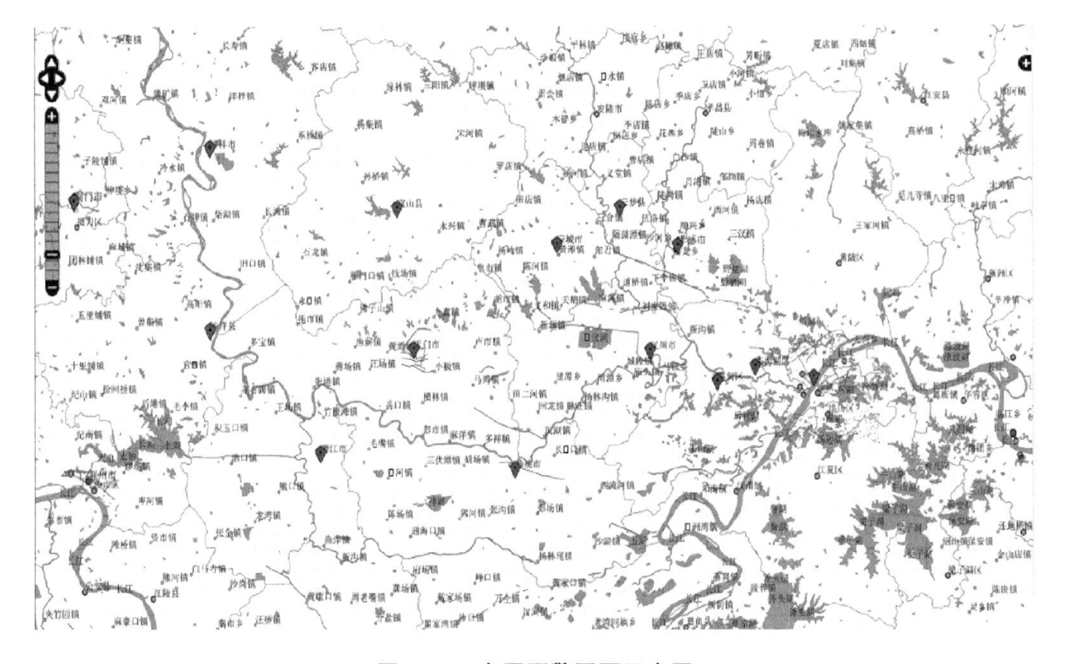

图 5.33　专题预警页面示意图

d. 历史数据查询：选择地图上的水资源时空连续多元数据采集传感器节点，输入相应的时间段，查看历史数据并生成相应的过程线，若时间段过长，查询的过程线由于点过多，显示时横轴的日期会相互覆盖，为处理该问题，系统根据实际情况显示某段时间的特征值，如：水质某项监测因子在一年内的变化情况，展示的监测值实际为每个月的平均值。其操作界面如图 5.34 所示。

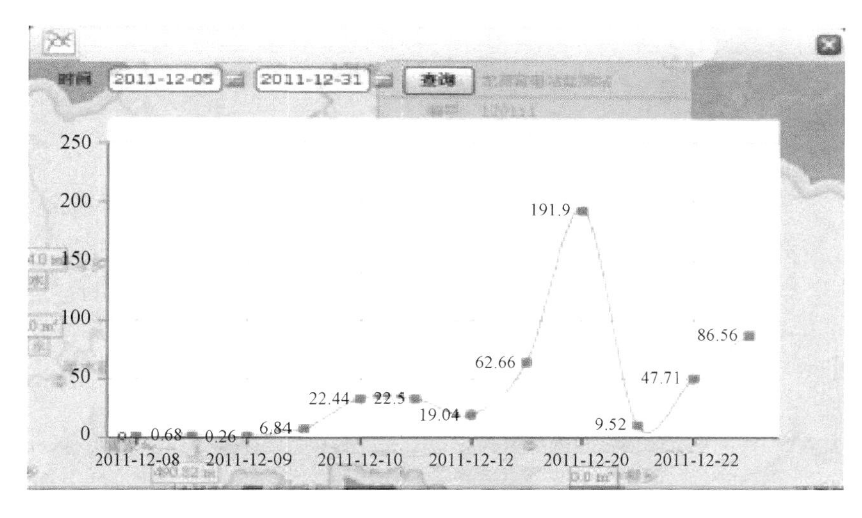

图 5.34　GIS 历史数据查询界面示意图

e. 数据采集传感器节点畅通率统计：通过图表的形式展示某时间段内水资源时空连续多元数据采集传感器节点报文发送的情况，其操作界面如图 5.35 所示。

站名	实到数据次数	应到数据次数	畅通率
商州化工	16	18	88.89%
新兴矿业	18	18	100%
大西沟矿业	15	18	83.33%
恒源矿业	17	18	94.44%
龙门钢铁	10	18	55.56%

图 5.35　数据采集传感器节点畅通率统计界面

f. 数据采集传感器节点信息维护：监测站基本信息、空间信息维护，通过节点的地理坐标，通过地图展示节点空间分布图。

⑤ 综合统计子系统

综合统计子系统包括对监测历史数据进行分析统计生成各种统计报表，如用水量统计分析、水质趋势分析等，综合本区域的社会经济状况，基础报表录入、基础报表上报等。其功能框图如图 5.36 所示。

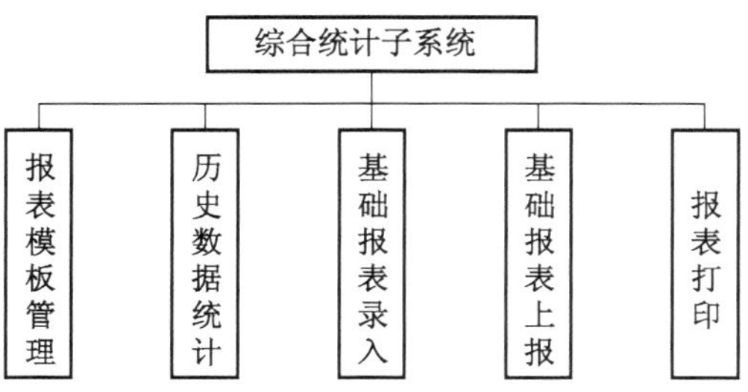

图 5.36　综合统计子系统功能框图

a. 报表模板管理：报表模板管理功能包括向系统增加新的报表模板，修改、删除已有的报表模板。

b. 历史数据统计：根据监测历史数据生成按照年、月的统计报表，根据监测数据完成变化趋势分析等。

c. 基础报表数据录入：通过录入界面由用户录入，校验数据无误后存入数据库。

d. 基础报表上报：通过水利专网完成统计结果的逐级上报。

e. 报表打印：在数据录入完成或查询修改后，可以将页面上的报表直接打印，也可以按标准报表格式打印。为打印方便，在检查报表数据无误后，可成套打印某类报表。

⑥ 系统管理子系统

通过实现系统管理中的权限管理、安全管理、数据字典等系统均具有的公用功能，将系统管理与用户身份验证、登录主页、菜单生成组合起来，旨在构造一个通用应用框架，实现不同系统的静态复用，所有功能模块都在该框架下运行，通过该框架可以很方便地将新的功能模块集成到应用中。其功能结构如图 5.37 所示。

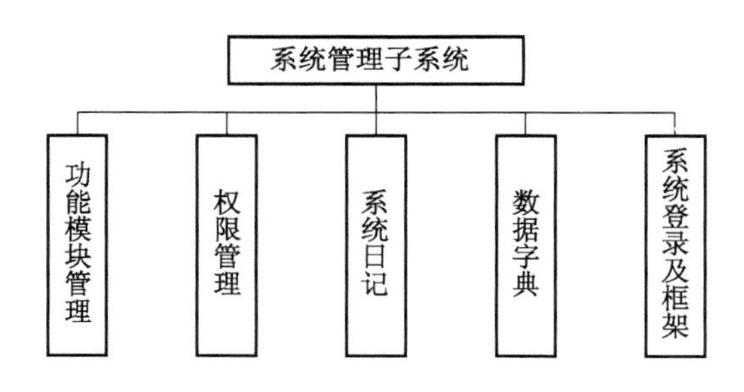

图 5.37　系统管理功能框图

系统管理实现了功能模块管理、权限管理、安全管理、页面框架、用户身份验证等功能。

a. 功能模块管理：功能模块管理的主要功能为维护系统的组成，快速地搭建出子系统、功能组及功能项，管理员可对功能项进行定制及菜单排序。

b. 权限管理：用户需要经过严格的认证才能获得合法授权使用本系统。为保障系统的安全性，系统采用 MD5 算法加密用户密码，使系统的用户安全性得到可靠保障。用户由系统管理员统一进行添加和管理，可以将用户归入某个具体的“角色群组”，使其得到相关的权限。授权用户登录系统后只能看到自己能够使用的功能和权限范围内的信息和内容，进行符合系统规定的权限范围内的各项功能操作。权限管理通过使用角色（用户群组）进行功能及操作权限的设置。具体的子系统模块、功能组、功能项及操作权限是基于角色分配的。

c. 安全认证：系统安全认证为操作人员登录系统时，需对密码进行验证，连续三次密码错误，即对用户账户进行锁定。

d. 系统日志：系统日志是记录用户登录后所做的增加、删除、修改操作的数据文件，使用系统日志，管理员可以查询到某个人员对于某个模块做了什么样的操作，以便发现问题和界定责任。

e. 字典管理：提供基础的数据字典信息，这样降低系统开发工程中码表操作中的数据读取的频繁性。

4）系统模块交互流程

(1）系统模块交互总体流程

ZigBee 网络协调器节点通过 ZigBee-GPRS 无线方式实现与监控中心 Internet 网络之间的远程信息传输。ZigBee 网络由 ZigBee 传感器采集节点和 ZigBee 网络协调器节点组成。每个 ZigBee 网络具有独立的网络号，由该网络的协调器节点和一个 GPRS 模块相互连接，进行透明数据传输。监控中心位于水资源管理部门的监控中心，监控终端通过 ZigBee-GPRS 无线方式结合 Internet 网络实现监控中心-监控终端之间的远程信息传输。系统模块交互工作流程如图 5.38 所示。

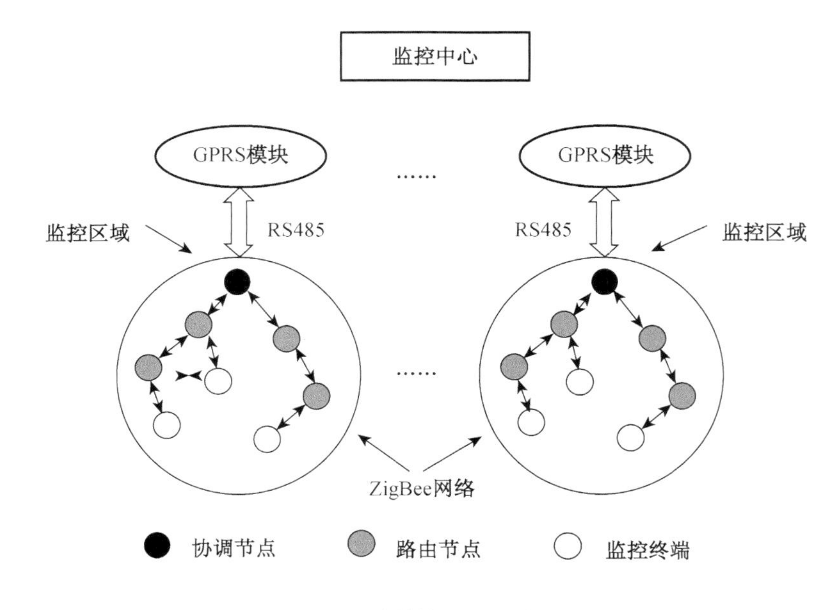

图 5.38　系统模块交互总体流程图

(2)网络协调器节点流程

网络协调器作为 ZigBee 网络中唯一可以发起建立新网络的设备。网络协调器节点工作流程如图 5.39 所示。

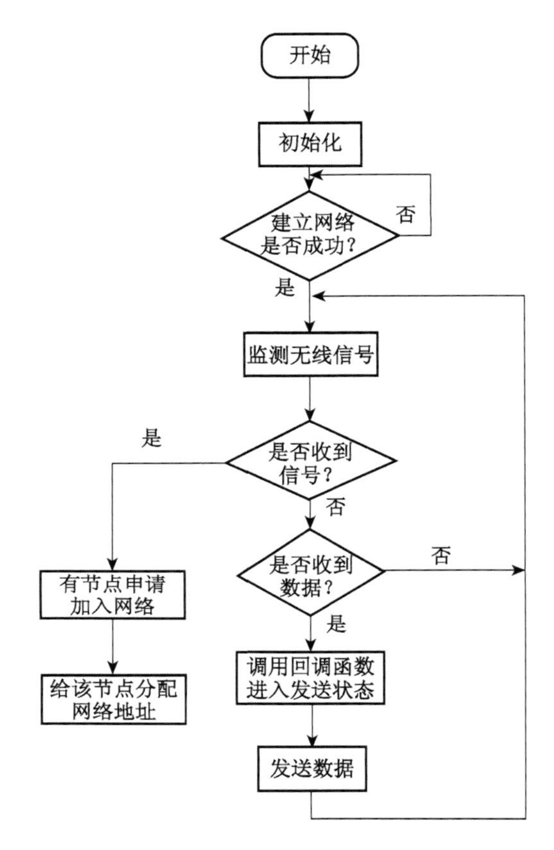

图 5.39 网络协调器工作流程图

(3)路由器节点流程

路由器也是全功能设备(FFD),它不能建立和发起一个网络。终端设备能否加入或者离开网络可以由路由器决定,同时终端设备的内部逻辑地址也要由路由器分配,并且路由器需要建立和维护一张路由功能表。

图 5.40 所示为路由器节点工作流程图。路由器工作流程是:先将路由器节点初始化,然后扫描网络并发现是否有新网络,一旦发现新网络就向网络协调器发送加入请求,并且确认是否加入成功;一旦加入成功,路由器要一直监听网络上是否有数据传送到该节点,或者是否有终端设备请求加入该网络,根据监听到的信息作出相应的回应。

(4)传感器节点流程

ZigBee 传感器节点是网络中的终端设备,只负责采集并且发送数据到网络协调器或者是路由器节点。传感器节点不需要维护网络结构,所以在不需要采集或

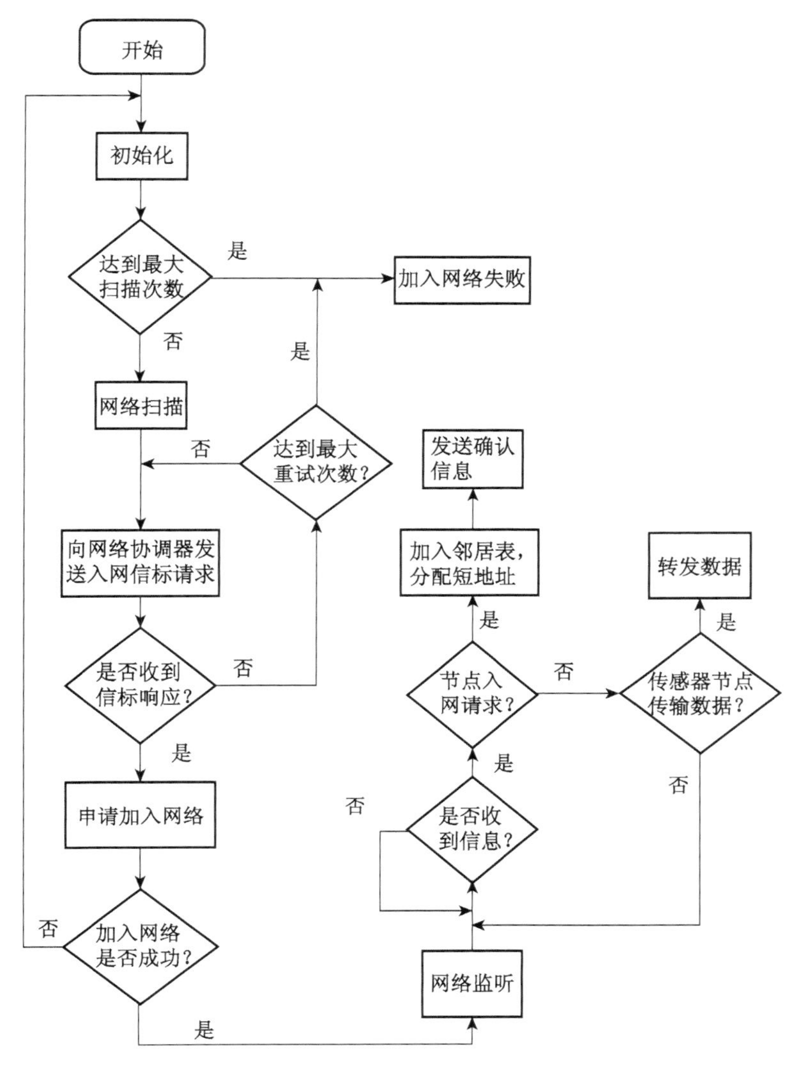

图 5.40　路由器节点工作流程图

者发送数据时，可以进入休眠状态，节约电池能量，提高利用率。图 5.41 为传感器节点工作流程示意图，它也是先要对节点进行初始化，然后通过信道扫描并加入合适的网络，进而进行传感器数据采集或者是网络通信。

(5)通信规约

① ZigBee 规约

每个远程监控终端上都连接一个 ZigBee 通信节点，底层通信时报文按照 ZigBee 通用帧格式组织，如表 5.5 所示。

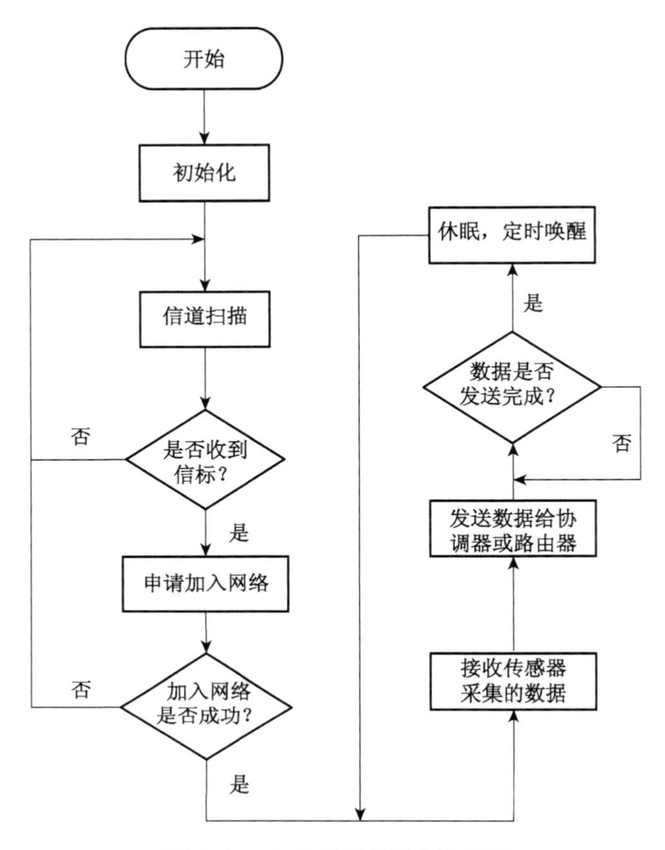

图 5.41　传感器节点工作流程图

表 5.5　ZigBee 通用帧格式

包头	LQI	目的地址	负载长度	负载	XOR
(1)	(1)	(2)	(1)	(0—97)	(1)

包头:1 字节,Bit7、6、5:二进制帧格式类型;Bit4:未用,默认 0;Bit3、2、1、0:帧序列号,如表 5.6 所示。

表 5.6　各比特定义

100	命令请求
110	命令应答
101	数据请求
111	ACK 应答

LQI:1字节,Bit7～0:一个8位的十六进制数值,表示接收端接收包的网络连接质量。LQI是对整包传输数据信号完整性的一个评估。它的取值范围为0～255。LQI值越高,则表明信号连接质量越好。IEEE 802.15.4 PHY物理层程序通过支持IEEE 802.15.4标准的收发机对LQI进行检测处理。能够使用此信息来评估一个节点周围设备的MAC层链路质量。

目的地址字段:2字节,Bit 15～0:目的地节点的网络地址。0x0000,0xFFFE,以及0xFFFF均为预留地址。其中0x0000是为网络主控节点(Master)地址,0xFFFE为数据回送地址(即包的发送方为自己),0xFFFF为广播地址。

负载长度字段:1字节,Bit 7～0:表示整个数据帧长度,包括5字节的包头和1字节的XOR。

负载字段:在0～97字节范围内的可变长度。用户可以自定义各字节数据。此处的97字节是根据IEEE 802.15.4 MAC层允许的最大负荷长度推算得出的。

XOR字段:1字节。XOR字段是整个数据包从包头到负载字段的所有字节的校验。如果校验错误,则整个数据包将会自动被丢弃。

② 嵌套规约

在ZigBee通用协议帧格式基础上,另行在负载字段嵌套了自定义报文格式。自定义报文采用固定的格式,包括起始字段、功能字段、数据字段、校验字段和结束字段,其中校验处理采用循环冗余校验。具体格式说明如表5.7所示。

表5.7　自定义报文格式

起始字段	功能字段	数据字段	校验字段	结束字段

a. 起始字段:AA 监控中心嵌套报文以AA字节为报文头。

b. 功能字段:00、01、02、03、04、05,具体功能说明如下。

(i) 00:监控中心广播校时,向监控终端发送实时时间信息。

(ii) 01:调数据,向监控终端发调数据命令。

(iii) 02:合闸命令。

(iv) 03:分闸命令。

(v) 04:缴费,用户缴费,更新表底。

(vi) 05:置表底。

c. 数据字段:不同命令所带数据长度、内容不等。

d. 校验字段:CRC1 CRC0 对所要发送的多字节数据按照多项式算法计算生成两个字节校验数据。

e. 结束字段:BB 监控中心会首先判断结束字段是否为BB,如果不是则不予处理。

由监控中心发起的命令分为两类:一类是端对端的数据传送,如监控中心对单个终端实施开关控制或对其状态进行检测;另一类是一端到多端的数据传送,即广播命令,如监控中心对所有终端或某一组终端实施开关控制或对其状态进行检测等。监控中心收到的数据分为应答数据和主动上传数据两种,应答数据为终端收到监控中心遥测采集命令后,反馈当前状态数据信息;另一种是当终端现场开关变位或运行出现异常时,终端主动上传数据给监控中心(曹磊,2011)。终端上传信息对应的故障类型如表 5.8 所示。

表 5.8 终端上传的故障类型

取值	故障类型
00000001	FTU 复位故障
00000010	开关变位
00000100	A/D 转换故障
00001000	CRC 校验错误
00010000	停电故障
00100000	时间故障
01000000	设备故障
10000000	延时故障

5.2.3 系统实现的关键技术

1) ZigBee 变频无线传输系统

(1) 问题的提出

ZigBee 是基于 IEEE 802.15.4 标准的低功耗个域网协议,2000 年 12 月,IEEE 802 无线个域网(WPAN,Wireless Personal Area Network)小组成立,致力于 WPAN 无线传输协议的建立。2003 年 12 月,IEEE 正式发布了该技术物理层和 MAC 层所采用的标准协议,即 IEEE 802.15.4 协议标准,作为 ZigBee 技术的网络层和媒体接入层的标准协议。2004 年 12 月,ZigBee 联盟在 IEEE 802.15.4 定义的物理层(PHY)和媒体接入层(MAC)的基础上定义了网络层和应用层,正式发布了基于 IEEE 802.15.4 的 ZigBee 标准协议(刘丽钧等,2008)。

ZigBee 网络主要特点是低功耗、低成本、低速率、支持大量节点、支持多种网络拓扑、低复杂度、快速、可靠、安全(李振等,2013)。ZigBee 网络中的设备可分为协调器(Coordinator)、路由器(Router)、终端节点(EndDevice)三种角色。中国物联网校企联盟认为:ZigBee 作为一种短距离无线通信技术,由于其网络可以便捷地为用户提供无线数据传输功能,因此在物联网领域具有非常强的可应用性(崔茭,2013)。ZigBee 网络是一种可靠性高的无线数传网络,在水文水利、智能家居、农业、医疗、商业等场所都能发挥很大的作用，它能利用相应传感器实时准确地自动化采集数据和控制数据传输，与远程监控平台建立通信，方便远程监控平台监测和控制整个网络系统。ZigBee 网络是一个由最多可达 65 000 个无线数传模块（俗称节点）组成的一个无线数传网络平台，各节点都被分配了固定的 IP 地址，每一个 ZigBee 网络节点之间可以相互通信，ZigBee 网络节点不仅本身可以作为监控对象，其所连接的传感器也可直接进行数据采集和监控，还可以自动中转其他网络节点传过来的数据（高雪为等，2011）。

ZigBee 网络一般采用树形和星形来组网，因其自身工作于 2.4GHz 频段，相对于其他中低频段信号，具有穿透能力强，绕射能力差，气候恶劣时无线通信信号衰减大等特点，在小范围、通信短距离的室内场所能发挥重大作用，但是在户外环境下，环境变幻莫测、中远距离传输时随着网络节点数目的增加和中转次数增多，数据传输时延会大大增加，无线信号衰减会大大增大。如何充分利用 ZigBee 自组网这个极其优秀的数据通信网络，尽可能地扩大实现 ZigBee 网络的数据传输距离，实现无线传输设备的水下快速监测，成为亟待解决的一大难题。

（2）研制思路

由于 ZigBee 芯片工作频段是 2.4GHz 频段，其数据传输时延会大大增加，无线信号衰减会大大增加。若将其传输模式改成中频传输，其信号传递距离变远，跨越障碍的能力变强。因此，本书提出 ZigBee 中频段传输方法，既能保存 ZigBee 自组网的优点，又能扩大网络数据传输距离，达到较好的中短途信号传输效果。

基于这一思路，本书提出了一种 ZigBee 变频无线传输设备及应用该设备的水下监测系统，主要应用于物联网的传感节点器件上，能有效地解决现有技术中 ZigBee 自组网的传输距离过短的问题，并能方便地进行水下远距离监测。

（3）ZigBee 变频模块的实现

在运用 ZigBee 自组网技术的基础上，引入了中频概念，这运用了中频信号空间传输绕射能力强，传输距离远的特点，将 ZigBee 信号转换成中频信号来传输，从根本上克服了 ZigBee 无线传输距离短、绕射能力差的缺点。

具体实现步骤如下：

发射端：

① 将 ZigBee 芯片 110 发射端产生的 2.4GHz 信号跟运用了锁相环（PLL）技术的第一本地振荡器 112 输出的 2GHz 左右信号用第一混频器 111 进行变频，变频到中频信号 315MHz。

② 经过第一中频滤波器 113 滤掉变频过程中产生的镜频信号、半中频信号、谐波信号及可能带来的无用杂波信号。

③ 再经过功率放大器 114 将中频信号放大到指定功率，经过 LC 匹配器 115

(或使用 LC 滤波器)来滤除杂波及匹配前后级。

④ 经过射频开关 116,使其导向发射端,经过中频天线 117 将中频信号发射到自由空间。

接收端:

① 通过中频天线 117 来接收自由空间无线传输进来的中频信号。

② 射频开关 116 导向接收端,经过第二中频滤波器 122 来滤除中频天线 117 引进的无用杂波信号,再经过低噪声放大器 121 来降低接收端噪声系数(NF),同时提供足够的增益来优化后级噪声,同时驱动后级器件正常运行。

③ 再与第二本地振荡器 120 通过第二混频器 119 进行变频,上变频到2.4GHz ZigBee 信号。

④ 经过射频滤波器 118 滤掉变频过程中产生的镜频信号、半中频信号、谐波信号及可能带来的无用杂波信号。

⑤ 将 2.4GHz ZigBee 信号输入给 ZigBee 芯片 110 进行运算和处理。图 5.42 是 ZigBee 变频模块的频率变换图。

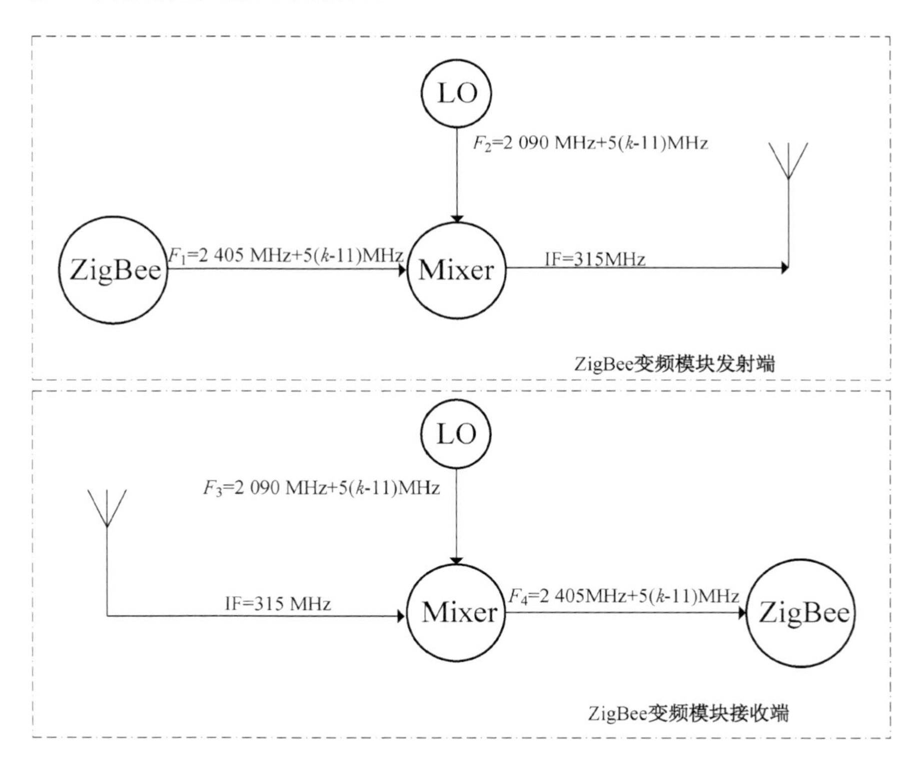

图 5.42 ZigBee 变频模块的频率变换图

ZigBee芯片110的使用频率为$F_1=2\ 405\ \text{MHz}+5(k-11)\text{MHz}$,共16个信道,$k$从11～26中取值,因要求输出中频为定频信号315 MHz,所以本地振荡器也要随之改变,本地振荡器的输出频率为$F_2=2\ 090\ \text{MHz}+5(k-11)\text{MHz}$,共16个信道,$k$从11～26中取值,具体输出频率视现场无线环境来调节。另外,同样的,在接收信号时,接收到的中频定频信号315 MHz,然后,本地振荡器的输出频率为$F_3=2\ 090\ \text{MHz}+5(k-11)\text{MHz}$,ZigBee芯片110接收到的信号频率为$F_4=2\ 405\ \text{MHz}+5(k-11)\text{MHz}$。

ZigBee信号频率变换和本地振荡器LO频率变换可通过表5.9来说明。

表5.9 ZigBee信号频率变换和本地振荡器LO频率变换的比较

K	ZigBee频率(MHz)	LO频率(MHz)	IF频率(MHz)
11	2 405	2 090	315
12	2 410	2 095	315
13	2 415	2 100	315
14	2 420	2 105	315
15	2 425	2 110	315
16	2 430	2 115	315
17	2 435	2 120	315
18	2 440	2 125	315
19	2 445	2 130	315
20	2 450	2 135	315
21	2 455	2 140	315
22	2 460	2 145	315
23	2 465	2 150	315
24	2 470	2 155	315
25	2 475	2 160	315
26	2 480	2 165	315

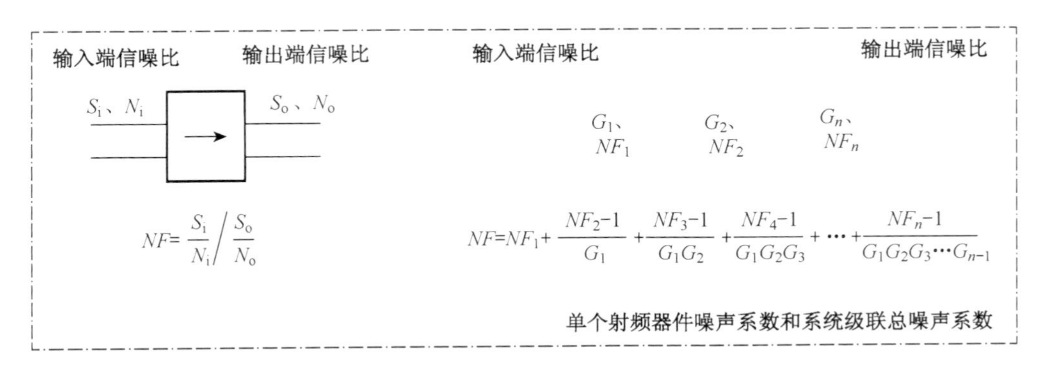

图5.43 单个射频器件噪声系数和系统级联总噪声系数示意图

本地振荡器采用了锁相环(PLL)技术,锁相环是一种反馈控制电路,其特点是利用外部输入的参考晶振信号控制环路内部振荡信号的频率和相位,锁相环可以实现输出信号频率对输入信号频率的自动跟踪(赵伟斌,2007)。锁相环是由集成了R分频器、鉴相器、压控振荡器、N分频器和环路滤波器组成的,参考晶振采取外置。锁相环在工作的过程中,当输出信号的频率反馈分频后和输入信号的频率相等时,输出电压与输入电压保持固定的相位差值,即输出电压与输入电压的相位被锁住。锁相环中的鉴相器又称为相位比较器,它的作用是检测输入信号和输出信号的相位差,并将检测出的相位差信号转换成U_1电压信号输出,该信号经过低通滤波器后形成压控振荡器的控制电压U_2,对振荡器输出信号的频率实施控制,最终的目的就是保证输出信号的稳定性,频率无偏差。参考晶振频率定义为REF_{in},鉴相频率定义为F_a,VCO输出频率定义为F_b(姜子晴,2008)。R、N分别为R分频器和N分频器的取值,它们之间的关系是:

$$\frac{REF_{in}}{R} = \frac{F_b}{N} = F_a$$

外置晶振的选取,需从频率稳定度和相位噪声问题来考虑,温度补偿晶体振荡器(TCXO)的频率稳定度可以做到0.1～5 ppm,价格便宜;恒温控制晶体振荡器(OCXO)的频率稳定度可以做到0.000 5～0.01 ppm,价格贵。可以根据需求选择不用型号。因相位噪声(相噪)跟N分频器有关系,N值越大,相噪越差,所以为了保证本振相噪小,选取频率较高的晶振,选择10 MHz。R分频器的取值选择跟本振相噪也有关系。

滤波器(LPF)带宽的10倍到20倍,选择合适的LPF带宽能最大程度地改善相位噪声,F_a取值也能相应确定,例如,如果LPF取值50 kHz,本振相噪很低,这时F_a可以取值1 MHz,而REF_{in}为10 MHz,所以R分频器取值为10,VCO输出频率F_b输出为一个定值后,如为2 090 MHz,这时N分频器取值为2 090;相噪最优情况下,式子中只有F_b和N改变,F_a、REF_{in}、R取值是一定的。

ZigBee芯片110优选为TI公司的CC2530,它的硬件平台能完美支持ZigBeePro协议栈。CC2530的TX out最大为4.5 dBm,经过TX混频器混频有－7.5 dB的变频增益损耗,经过中频滤波器有－2 dB的差损,经过增益放大管有22 dB的增益放大,经过电阻π衰有－5 dB的差损,经过功率放大管有19 dB的增益放大,经过低通滤波器有－1 dB的差损,最后发射端的输出功率为30 dBm;接收端因CC2530的RX in接收灵敏度为－97 dBm,我们的ZigBee变频无线传输设备接收灵敏度为－101.5 dBm,具体实现为:中频天线接入最低－101.5 dBm的中频信号,经过低噪声放大管有16 dB的增益放大,经过射频滤波器有－2 dB的差损,经过 RX 混频器混频有 -7.5 dB 的变频增益损耗,经过中频滤波器有 -2 dB 的差损,接入 CC2530 的 RX in 正好 -97 dBm。发射端将 CC2530 最大发射功率由 4.5 dBm 提高到 30 dBm;接收端将 CC2530 的接收灵敏度由 -97 dBm 提高为 -101.5 dBm。因接受灵敏度计算公式:

$$S = -174\ \text{dBm} + 10\lg(\text{BW}) + E_b/N_0 + NF$$

其中 -174 dBm 是常数,是由 $10\lg KT$ 得来的,K 为玻尔兹曼常数 $K = 1.38 \times 10^{-23}$ J/K;T 为信源绝对温度 $T = 290$K,BW 为等效噪声带宽,E_b/N_0 为解调门限载噪比,NF 为噪声系数。

ZigBee 变频无线传输设备中接收端链路总噪声系数:

$$NF = NF_1 + \frac{NF_2 - 1}{G_1} + \frac{NF_3 - 1}{G_1 G_2} + \frac{NF_4 - 1}{G_1 G_2 G_3} + \cdots + \frac{NF_n - 1}{G_1 G_2 G_3 \cdots G_{n-1}}$$

从上式可以看出,当链路的额定增益远大于1时,系统的总噪声系数主要取决于第一级的噪声系数,越是后面的网络,对噪声系数的影响越小,这是因为越到后级信号的功率越大,后面网络内部噪声对信噪比的影响就不大了。因此,对第一级来说,不但希望噪声系数小,也希望增益大,以便减小后级噪声的影响。所以在接收端链路的前级引入低噪声放大器,低噪声放大器本身噪声系数 NF_1 一定,同时也有 16 dB 的增益 G_1,即便在低噪声放大器后级带来了一定的噪声,也能保证整个接收链路的噪声系数小。

在等效噪声带宽和解调门限载噪比都一定的情况下,决定接收灵敏度的就是噪声系数,所以如何选取低噪声放大器至关重要。在无线通信行业,外界的白噪声是 -121 dBm,是一种理想化噪声,而在现实环境中,因为存在模块内部的热噪声,晶体管在工作时产生的散粒噪声,模块内部信号与噪声产生的互调产物,外接干扰信号混入有用信号产生的互调产物等噪声,模块接收灵敏度会受到影响,ZigBee 变频无线传输设备接收灵敏度可以做到 -101.5 dBm。

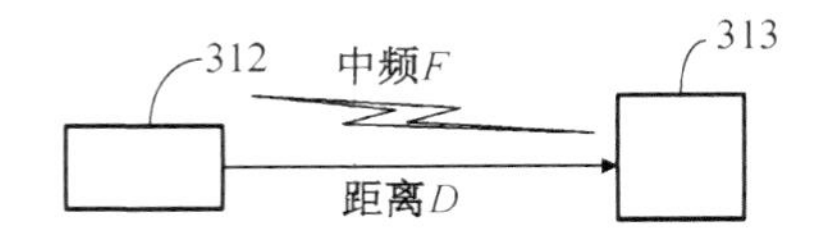

图 5.44 ZigBee 变频无线传输设备中无线通信信号在自由空间中传输损耗示意图

ZigBee 变频无线传输设备中无线通信信号在自由空间中传输损耗,说明了在发送端发射功率和接收端接收灵敏度一定的情况下,可以计算出中频信号在空间的传输距离。因为自由空间传输损耗 LS = 发射功率 P + |接收灵敏度 S|(接收灵敏度 S 的绝对值),而自由空间传输损耗计算公式为 $LS = 32.45 + 20\lg F$

(MHz)＋20 lg$D$(km)，在 LS 和 F 都确 1 定情况下，计算 D 约为 285km。当然，这是理想情况下测试出来的，实际环境中无线信号会受到多方面的影响，如空中介质的吸收和衰减、发射接收天线的性能以及空间其他无线信号的干扰，实际传输距离会损耗巨大，不过仍可达到 15～20 km 的实际传输距离。

通过上述方式，ZigBee 变频无线传输设备中将 ZigBee 芯片的高频传输模式改成了中频传输，因此信号的传递距离变远，跨越障碍的能力变强，又保存了 ZigBee 自组网的优点，是一种中短途信号传输效果优秀的设备。

(4) ZigBee 变频无线传输设备

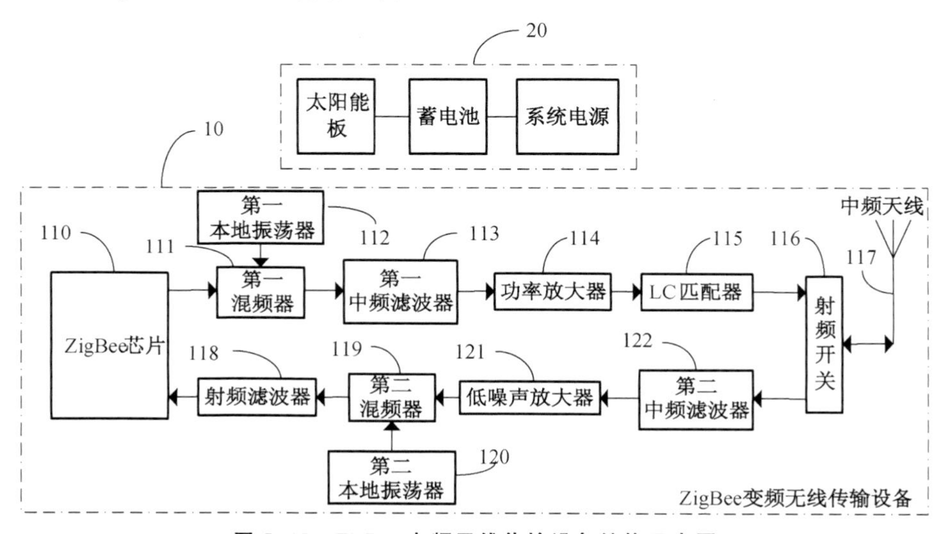

图 5.45　ZigBee 变频无线传输设备结构示意图

主要包括：

① ZigBee 芯片：ZigBee 无线传输核心模块；

② 变频系统：本地振荡器、混频器、中频滤波器、功率放大器、LC 匹配器以及中频天线；

③ 射频开关：设置于 LC 匹配器以及中频天线之间，射频开关一端连接中频天线，另一端选择性连接 LC 匹配器。

④ 电源系统：依次连接的太阳能板、蓄电池以及系统电源。

参照图 5.45，ZigBee 变频无线传输设备 10，包括 ZigBee 芯片 110、第一本地振荡器 112、第一混频器 111、第一中频滤波器 113、功率放大器 114、LC 匹配器 115、射频开关 116、第二本地振荡器 120、射频滤波器 118、第二混频器 119、低噪声放大器 121、第二中频滤波器 122 以及中频天线 117。

第一本地振荡器 112 连接第一混频器 111。射频开关 116 设置于 LC 匹配器

115以及中频天线117之间。射频开关116一端连接中频天线117,另一端选择性连接LC匹配器115。ZigBee芯片110、第一混频器111、第一中频滤波器113、功率放大器114、LC匹配器115依次连接。

射频滤波器118连接ZigBee芯片110,第二混频器119连接射频滤波器118,低噪声放大器121连接第二混频器119,第二中频滤波器122连接低噪声放大器121。射频开关116的另一端进一步在LC匹配器115与第二中频滤波器122中选择性连接。第二本地振荡器120连接第二混频器119。

还包括连接上述各部件的电源系统20,依次连接的太阳能板、蓄电池以及系统电源。其中,太阳能板充电器给蓄电池充电,蓄电池输出电压经系统电源电压转换电路变成所需要的电源电压,供低噪放、功放等电路使用。

当只需要进行信号发送时,ZigBee变频无线传输设备10只需包括ZigBee芯片110、第一本地振荡器112、第一混频器111、第一中频滤波器113、功率放大器114、LC匹配器115以及中频天线117即可,LC匹配器115直接连接中频天线117。

2）水下监测系统设备

主要包括:

(1) 水质多功能探头;

(2) ZigBee芯片:ZigBee终端节点、ZigBee路由器、ZigBee协调器;

(3) GPRS无线通信设备;

(4) 监测中心。

水质多功能探头所获取的数据通过ZigBee终端节点、ZigBee路由器、ZigBee协调器以及GPRS网关后传输至监测中心。

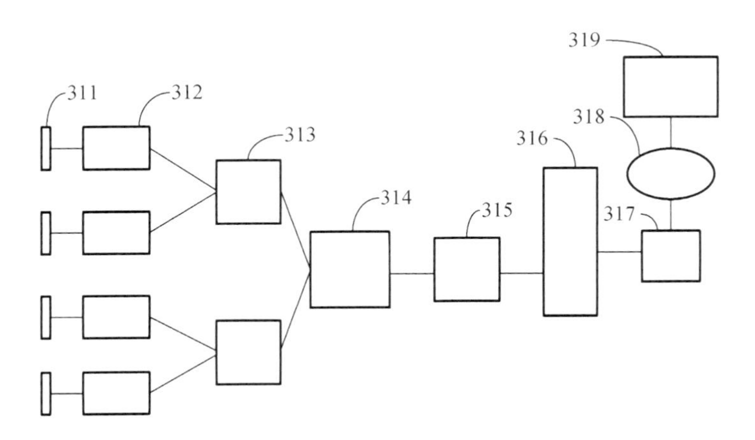

图5.46　水下监测系统实施结构示意图

参照图5.46,水下监测系统包括水质多功能探头311、ZigBee终端节点312、ZigBee路由器313、ZigBee协调器314、GPRS网关315、基站316、监测中心317以及数据中心319。在本实例中,ZigBee终端节点312、ZigBee路由器313以及ZigBee协调器314中包括图5.45中的ZigBee变频无线传输设备10。

水质多功能探头311与ZigBee终端节点312连接,可通过电缆等进行连接。ZigBee终端节点312与ZigBee路由器313信号连接,ZigBee路由器313与ZigBee协调器314信号连接。ZigBee协调器314与GPRS网关315通过基站316以GPRS网络连接,即GPRS网关315以及监测中心317之间通过基站316进行信号中转。其中,ZigBee终端节点312可以为图5.45中的ZigBee终端节点10。

水质多功能探头311所获取的数据通过ZigBee终端节点312、ZigBee路由器313、ZigBee协调器314以及GPRS网关315后传输至监测中心317。其中,ZigBee终端节点312还可为图5.45中的ZigBee变频无线传输设备10。数据中心319与监测中心317网络连接,用于获取监测中心317的数据并记录。

数据中心319与监测中心317通过因特网318连接。

为了发挥ZigBee自组网的优秀特性,每一水质多功能探头311对应一个ZigBee终端节点312,每一ZigBee协调器314信号连接多个ZigBee路由器313,每一ZigBee路由器313信号连接多个ZigBee终端节点312。

3）物联网时空多元信息交换技术

数据交换是实现信息共享和信息处理的关键环节。将数字流域中采集的各种数据,运用当前的物联网技术,实现数据的交换、流通。数据交换技术要支持异构环境的服务、消息以及基于事件的交互,构建统一的数据交换标准和统一的数据交换接口。

（1）遵循SOA架构

OASIS标准组织在SOA参考模型(RM)中对SOA的定义为:SOA(Service Oriented Architecture)是一种软件体系结构范型,可以组织和使用处于不同所有者控制下的分布式功能(姜子晴,2008)。SOA提供了一种构建IT组织的标准和方法,通过建立可组合、可重用的服务体系来减少IT业务冗余,并加快项目开发的进程。SOA允许一个企业高效地平衡现有的资源和财产,这种体系能够使得IT部门效率更高、开发周期更短、项目分发更快,在帮助IT技术和业务整合方面有着深远的意义,它可以:

① 缩小业务和技术的鸿沟——以业务为中心;

② 软件资源的共享与重用。

在SOA系统中与服务相关的技术几乎都存在相应标准,通过对标准的使用可以得到众多好处,包括:

● 减少对特定厂商的依赖；
● 为服务请求者增加了使用不同服务提供者的机会；
● 为服务提供者增加了被更多服务请求者使用的机会；
● 增加了使用开放源代码的标准实现，以及参与这些实现的开发机会。

（2）提供交换目录

将需要交换的数据名称、数据类型、事件名称、参与者身份等，形成交换目录。交换目录具有：

① 提供共享的目录服务体系；

② 通过资源目录体系整合数据、实现数据统一管理；

③ 提供逻辑集中、物理分散的数据查询网络；

④ 实现跨系统、跨部门的数据共享；

⑤ 实现跨系统、跨部门的数据交换。

交换目录需要一个目录注册中心，用于用户存储、查询数据定义、身份定义和本地化服务描述信息。注册中心需要提供分类管理能力，利用分类能力来实现对各种目录的搜索。理想情况下，注册中心应具有很高的可用性，并且是多处备份的（童庆，2009）。注册中心的实现技术有数据库和文件等多种方式。

（3）数据中间件

数据中间件由多个 WS 服务组成，但数据中间件有统一的标准接口数据格式，所有通过中间件处理的应用都必须遵从该接口标准。通过数据中间件和业务中间件服务，配合通用业务子系统实现数据转义、数据映射、登录映射等功能。

数据中间件是各种系统处理和传输编码标准数据的桥梁，逻辑上介于各系统与编码标准系统之间，分为三部分：服务器部分、前置服务部分和业务客户端部分。数据中间件处理数据为双向的，即标准到业务系统和业务系统到标准。

① 服务器部分

服务器部分是运行在标准系统上，主要管理标准数据版本控制、个性同步请求等。

a. 标准的数据类型管理

标准数据类型分为如下三大类：

● 必备基础数据：数据中间件运行所必需的基本数据。
● 可选基础数据：标准对应的国家标准、行业标准等，客户可选的基础数据。
● 编码数据：按不同策略分类的标准数据，包括一级码、二级码等。

b. 版本管理

各类型的标准数据分门类按时间和数据类型所附加的条件定义版本，版本数据输出成压缩文件，存放在文件夹下，数据中间件根据版本判别同步数据的增量进行下载同步。数据自动同步统一采用增量方式，在初始化时结合全量数据来处理。该部分的所有功能均由系统自动完成，不需要人工干预。其功能主要有：

● 版本查询：业务系统在请求更新编码时，其 XML 文件参数中含有其当前版本号，“版本查询”功能将编码系统中高于该版本的文件名列表返回给同步策略组件。

● 新增版本：当编码存在新版本时，“新增版本”功能为其产生新的版本编号，在将版本信息存储到版本控制表的同时，将新版本文件名返回给同步调度组件。命名规则：

版本号规则：V＋YYYYMMDDHH24MM＋版本类型（年月日时分，可避免版本重复）。

文件名规则：增量标识＋“_”＋数据类型＋“_”＋行业代码＋“_”＋序号＋“_”＋版本号＋“_”＋文件类型（xml 或 Json）＋“. zip”。

增量标识规则：见表 5.10。

表 5.10 增量标识规则

序号	标识	含义	说明
1	ALL	累加增量	每月底产生当月各数据类型的增量版编码与上月累加增量编码合集
2	SINGLE	单日增量	每天产生各数据类型的增量版编码信息

序号：当一种数据类型中记录太多，用一个文件产生会太大时，就分级成多个。序号从 0 开始。

c. 同步管理

数据传输按有效性原则，只传输通用业务平台所需要的有效数据；根据版本传输公用基础数据；根据所属行业批量传输行业标准数据；根据个性化请求查询后传输个性化数据。

根据数据类型同步全量版本或增量版本，第一次自动同步时使用最近的全量版本加增量版本，更新到当前最新版本，此后使用增量版本。

个性化同步分为：数据标识同步、按归属机构同步、Excel 文件批量导入查询同步。数据标识同步是由项目实施前期从客户方收集的数据，经数据部整理规范后导入，给数据打上使用企业（单位）的标识，以便批量同步。

d. 数据权限管理

数据权限管理负责对数据使用权限进行控制和授权验证，使合法授权的系统使用情况可以被监控和管理，数据权限管理建立客户和系统产品之间的关联，对出售的软件产品的使用单位、部署设备、使用年限、功能授权范围、数据授权范围设定规则，并在软件产品运行时进行服务器端和客户端的许可校验。数据权限管理存储在服务器端数据库中，并生成一个副本文件供客户端下载和部署。

② 前置服务部分

数据中间件通过前置服务器中转同步数据，如图 5.47 所示：

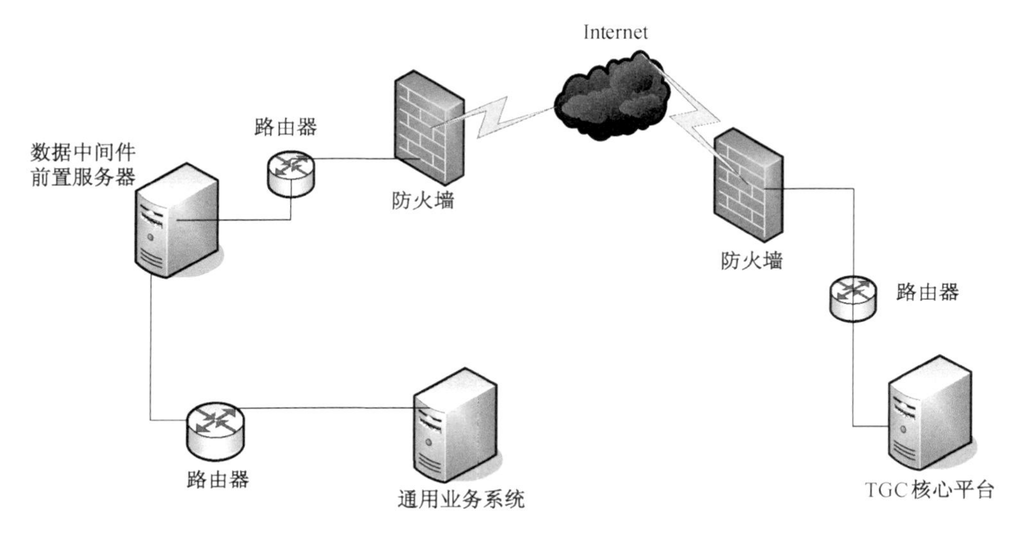

图 5.47　数据交换前置部分

从安全角度考虑，在用户与编码系统间增加一个前置服务器。前置服务系统提供用户配置来决定是否自动同步还是手工同步。通用业务系统与数据中间件前置服务器同步通过手工方式，选择数据种类同步。

③ 客户端部分

客户端通过前置服务器来同步编码到本系统供业务系统使用。同时客户端可以定制个性同步策略来同步对应的编码标准。同时对需要向编码系统申请标准的业务数据也能定制上传到编码系统并申请相关编码标准。

(4) 业务中间件

业务中间件负责解析客户端的业务配置文件或业务配置数据，并负责与业务子系统和异构应用系统进行通信和数据交换。由于业务中间件采用了统一的业务数据接口和通信接口，并且可以提供 WS 的 API 供其他异构系统使用，也可以作为驻留的 WS 服务贴附到其他的异构系统外围。

业务中间件可以直接嵌入业务系统，又可独立运行使用。业务中间件作为客户端服务可以结合数据中间件同时使用。

适配器解决已有资源面向 SOA 的服务封装，实现已有资源的可重用性。已有资源通过适配器与业务中间件连接，而不需要与每个服务直接相连，就可以实现

服务之间的互操作(朱瞳瞳,2010)。适配器需要为产品级的质量属性提供支持,需要支持的质量属性包括:

- 连接管理,保证与已有资源之间的连接效率,和连接资源的有效利用;
- 事务管理,提供已有资源与其他服务进行互操作时的事务保证;
- 安全管理,为已有资源与其他服务互操作时提供基本的安全服务。

适配器需要处理通信协议。服务之间需要能够进行有效的互操作,通信协议定义是必要的,涉及内容包括(2006):

① 消息格式

首先需要定义标准的消息格式,使服务消费者和服务提供者都能对传输数据进行有效识别,即消息本身的标识;其次需要消息格式一般使用 XML 格式来描述。

② 消息转换

首先需要将智慧街道物联网数据标识进行标准化,其次要将消息转换成对应的业务格式。

③ 交互协议

交互协议约定双方握手次序和次数,如何发送请求、返回应答,出现错误如何处理。交互协议定义的是服务级的数据交换协议,这需要通过具体的工具来实现数据的传输,需要将交互协议绑定到特定的传输协议上。需要支持的传输协议包括:HTTP、HTTPS、JMS、JAX-RPC、IIOP、RMI 和传统的 MOM 等(欧群雍,2010)。

④ 通信模式

在具体实现数据传输时需要支持消息技术和事件技术,需要支持的基本通信模式有:

a. 单向请求:只发请求,不需要应答;

b. 请求/响应:发送请求,并等待应答,或轮询应答;

c. 请求/回调:发送请求后不等待应答,服务提供者返回应答时再激活服务请求者的应答处理代码。

常用的适配器包括数据库适配器、文件适配器、邮件系统适配器、SOCKET 适配器、FTP 适配器、HTTP/HTTPS 适配器等。

(5) 连通管理

连通管理是业务中间件的一个重要核心功能。连通管理主要解决服务之间高效通信的问题,是服务之间互相通信和交互的骨干。

为实现两个实体之间有效通信,通常需要一个通信代理。同样,服务之间的有效通信也需要通信代理。连通管理的功能主要由这个通信代理实现,需要支持的

主要功能包括(谭洪恩,2012):

- 实现通信代理与服务之间的双向交互,包括紧耦合方式(即通过代码之间调用)和松耦合方式(即通过网络通信);
- 实现代理之间的通信;
- 保证代理之间的通信质量,包括效率、可靠性、安全性,并提供其他服务(如事务管理);
- 提供运行管理。

(6) 数据暂存和路由

数据暂存功能是对等待翻译和等待传输的数据,以及正在接收的数据集进行暂存。暂存包括:

① 使用独立的数据库进行数据暂存,也可利用捆绑的业务所用数据库进行暂存。

② 暂存数据类型与数据交换映射定义关联,已完成的任务应及时清理暂存数据。

③ 暂存的数据应包含时效信息标识,包含产生时间和有效期长度,以便定时自动清理。

数据路由包括对数据的分拣和转发。数据转发包含点对点的转换也包含基于分布式发布、订阅、通知等方式。图5.48是基于分布式发布、订阅、通知方式的结构图。

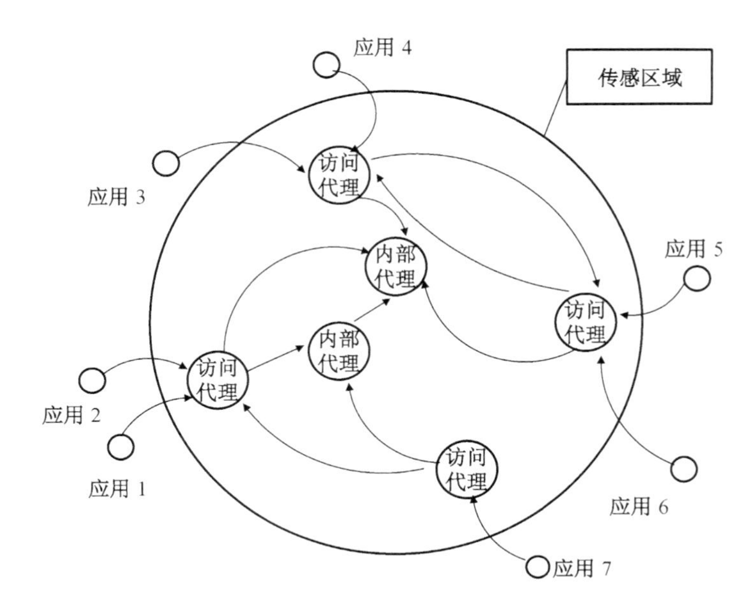

图5.48　基于分布式发布、订阅、通知框架的网络结构

数据暂存和路由必须保证如下性能：

① 可靠传输

业务中间件必须要解决可靠传输问题。可靠消息传输需要满足下列特征：

- 有保证的消息传递；
- 消息状态通知；
- 消除重复消息；
- 消息排序。

通过满足上述特征，是为了达成消息的可靠传递，做到至少传送一次、刚好传送一次、最多传送一次。

② 事务性

业务中间件在关键业务系统中的应用必须要解决事务性问题。事务性问题需要解决在分布式环境下保证多个服务之间事务处理，确保应用中的所有参加操作达成一致并保证数据从一种有效状态变换到另一个有效状态的处理机制。在很多领域中，多数业务应用需要可靠地进行处理，保证事务的 ACID 特性。

(7) 安全性

业务中间件需要考虑的安全层次包括(陈刚，2009)：

① 传输级安全，需要考虑的问题包括防火墙、虚拟专网(VPN)、传输过程中的节点基本认证、加密、防篡改和不可否认性。具体技术包括：使用 VPN 建立物理网络安全，使用 SSL/TLS 提供基本的传输安全。在使用这些技术时同时要求有密码口令或数字证书起辅助作用。

② 数据(消息)级安全，保护存储和传输中数据的安全性，包括加密、防篡改和数字签名。主要提供数据的加密和签名保护。

③ 用户和权限管理，包括用户身份、密码，以及用户数据权限管理等。

5.2.4 原型系统开发

本原型系统利用物联网动态组网技术，深入分析站房式、浮标式、移动式等多类载体水质监测台站环境下的数据通信技术，并考虑不同类型数据传输的紧迫性，实现应急情况下对水质各项参数的实时监测，通过基于特定算法的动态组网技术实现各传感器件之间的节点通信，构建水污染应急监测预警系统平台。物联网动态组网主要包括：水质分析仪等传感单元与水站控制系统之间的动态组网；水站控制系统与上位平台之间的动态组网；多载体之间的动态组网。

1) 系统组成

本系统由设备感知层(水样探头)、数据传输层(传输模块、数据显示屏)和应用层(远程监控平台)三部分组成,如图 5.49～图 5.52 所示。其中,水样探头部分主要集成了电导率、pH 和溶解氧三种传感器。

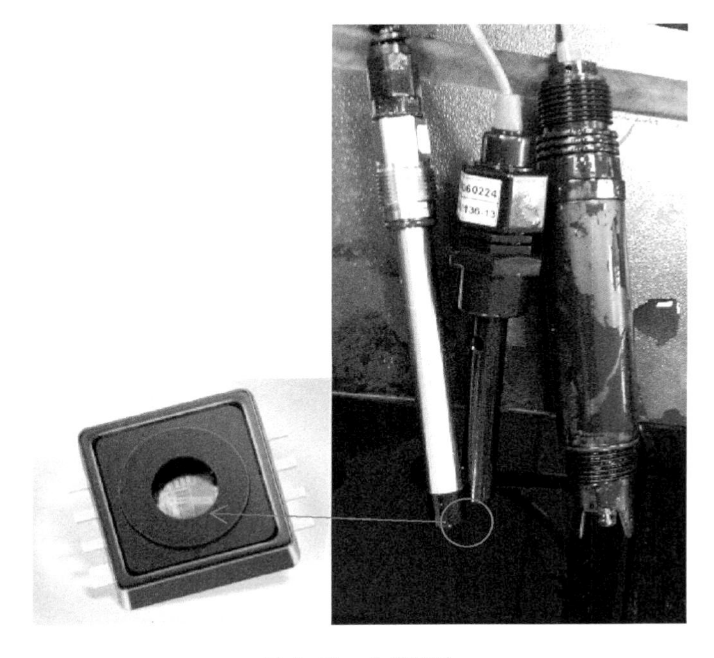

图 5.49　水样探头

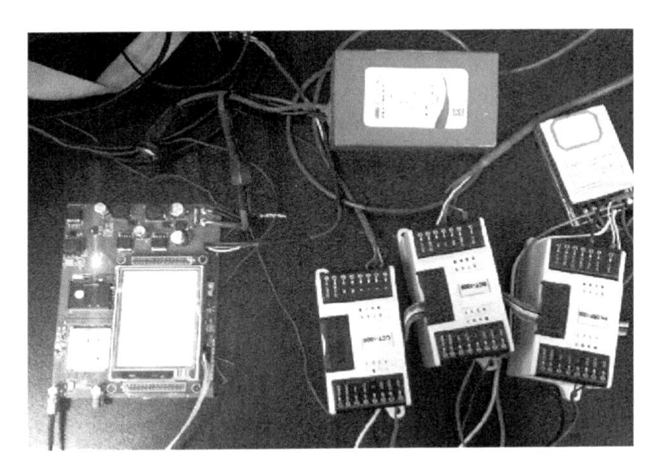

图 5.50　数据传输模块

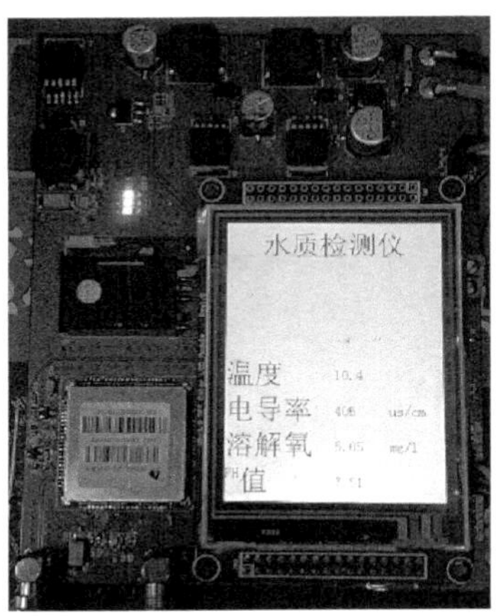

图 5.51　数据显示屏

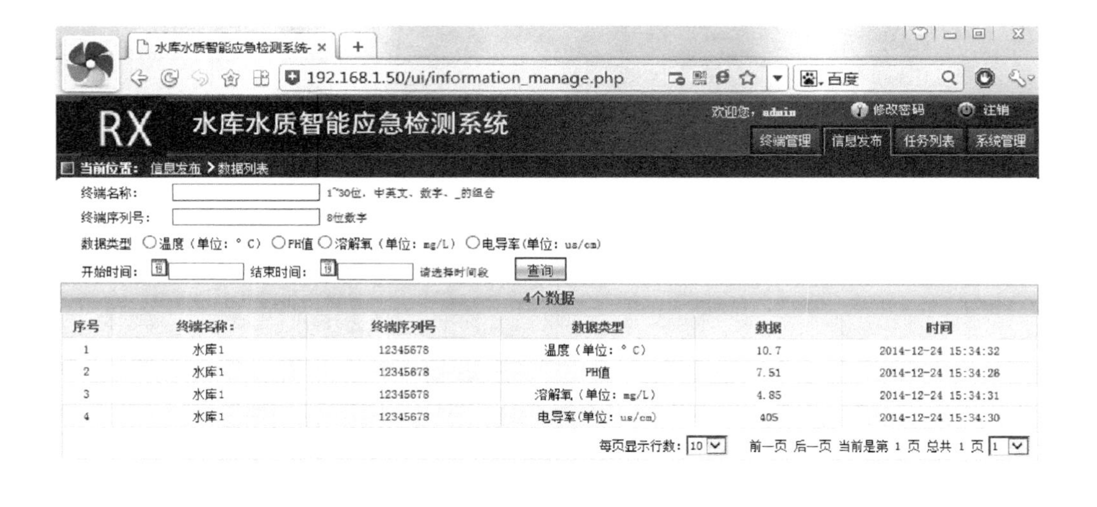

图 5.52　远程监控平台

2）系统功能分析

（1）低成本、适宜于移动观测。

（2）自带显示屏，无需连接电脑即可及时读取数据。

（3）数据通过无线传输到后台。

（4）可通过动态组网方式将多个监测单元组网，并可将监测区域内的非本系统的传感器也集成到网络中。

（5）后台显示可在电脑或手机上实时显示水质监测点的地图位置和数据。

3）性能测试

为了测试系统的可靠性，选择三种样本——自来水、长江水、东湖水，来进行测定，并将测试结果与哈希设备(Hydrolab DS5X)相对照。主要测试结果见下列表所示：

（1）电导率

测试时间：2014/12/24

表 5.11　电导率测定实验　（单位：μS/cm）

监测设备	自来水	长江水	东湖水
监测系统	291	314	390
哈希设备	300	300	400

测试时间:2014/12/25

表5.12　电导率测定实验　(单位:μS/cm)

监测设备	自来水	长江水	东湖水
监测系统	323	339	413
哈希设备	303	316	388

(2) pH

测试时间:2014/12/24

表5.13　pH测定实验

监测设备	自来水	长江水	东湖水
监测系统	7.73	7.8	8.46
哈希设备	8.66	8.85	9.42

测试时间:2014/12/25

表5.14　pH测定实验

监测设备	自来水	长江水	东湖水
监测系统	7.91	7.82	8.21
哈希设备	8.87	8.79	9.14

(3) 溶解氧

测试时间:2014/12/24

表5.15　溶解氧测定实验　(单位:mg/L)

监测设备	自来水	长江水	东湖水
监测系统	7.47	6.55	6.7
哈希设备	7.55	7.85	7.16

测试时间:2014/12/25

表5.16　溶解氧测定实验　(单位:mg/L)

监测设备	自来水	长江水	东湖水
监测系统	5.97	6.2	5.8
哈希设备	6.69	7.12	6.2

4）系统稳定性测试

为了测定系统的稳定性，需要记录一段时间范围内的系统测定值，并将测试结果与哈希设备（Hydrolab DS5X）相对照。

选择溶解氧指标，并以 2014/12/25 16:09～17:35 为时段，分别将监测系统和哈希设备（Hydrolab DS5X）放置于长江水中，记录测试数据。主要测试结果见下图所示。

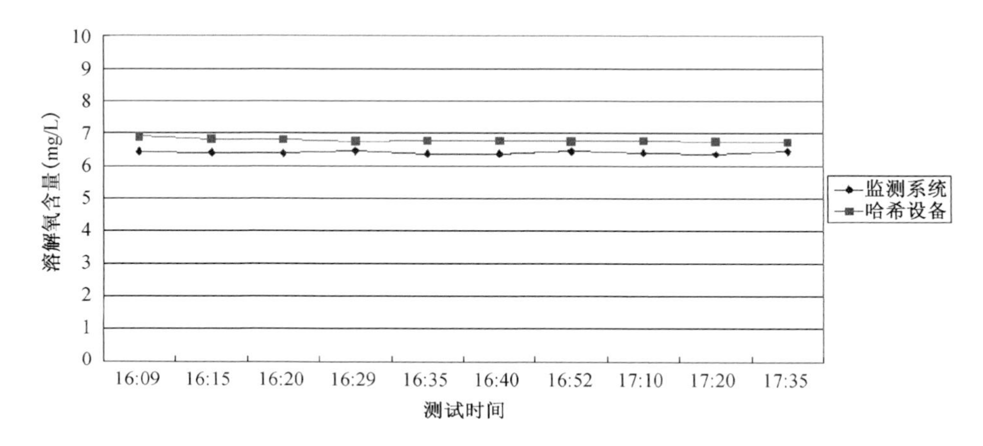

图 5.53　溶解氧测试结果比较图

从上图可以看出，监测系统测定的溶解氧数值与哈希设备的测定值比较接近，而且随着时间的增加，监测系统测定的溶解氧值变化不大。

第6章 研究总结与展望

6.1 主要研究成果

(1) 构建了基于物联网的时空连续多元信息获取技术体系框架及示范应用。

提出了数字流域时空多元信息“空中-地面-水下”获取技术框架。“空中”主要采用卫星遥感和无人机航空摄影技术;“地面”主要采用物联网传感器原位观测和车载移动信息获取系统;“水下”主要采用无人船水域测量信息获取系统。

采用“空中-地面-水下”立体监测技术,通过清江流域梯级水库二氧化碳、甲烷等温室气体原位监测,结合卫星遥感数据,深入分析了水库消落带土地利用变化与温室气体源汇变化的相关性。结果表明:水库消落带土地利用变化仅对二氧化碳平均通量有少量作用,而对甲烷平均通量几乎没有任何影响。

(2) 构建了基于物联网的时空多元信息获取一体化布局技术框架及示范应用。

提出了优化目标驱动下的流域时空多元信息获取一体化布局技术框架,并重点研究了陆地(水上)优化布局和水下优化布局两类方法。在陆地(水上)优化布局方面,引入空间划分理论,构建了基于“1 -覆盖”的陆地优化布局方法及其模拟退火算法实现。在水下优化布局方面,通过河道水文数据统计分析,构建了基于水情要素变化核心参数的水下传感器覆盖网优化布局方法及其遗传算法实现。

从雅砻江流域概况、河流水系、水电梯级开发规划和监测站网分布现状出发,采用容许最稀疏站网密度理论,在综合考虑下垫面地形地貌特征和植被特征的雅砻江流域水文分区的基础上,初步形成了雅砻江流域水文测站和雨量测站的新增布局方案。

考虑到雅砻江流域遥感降雨数据的有效性和可行性,以遥感降雨数据和地面实测数据的方差最小化为优化目标,选择了基于容许最稀疏站网密度的雅砻江流域新增雨量测站布局方案为待优化目标集合,提出了雅砻江流域雨量监测站网优化布局方法及其基于泰森多边形内插法的算法实现,初步形成了综合运用遥感降雨数据和地面实测数据的雅砻江流域雨量监测站网优化布局方案。

(3) 构建了基于物联网的时空多元信息传输体系框架及示范应用。

基于 ZigBee 和 GPRS 技术,提出了数字流域时空多元信息传输体系框架。在 ZigeBee 无线采集网络方面,采用 ZigBee 中频段传输方法,研制了 ZigBee 变频无线传输采集设备及电路设计方案,既保存 ZigBee 自组网优点,又能扩大网络数据传输距离,中短途信号传输效果较好。在监控中心方面,构建了流域时空多元信息远程监控平台,实现了数据远程传输与显示。从突发水污染事件应急处理的实际需求出发,综合运用 GPRS 和 ZigBee 动态组网技术,研制了移动式水质多参数传感器监测传输原型系统,提出了水下监测系统设备布置方案,并进行了初步验证。结果表明,与哈希等国外同类型水质监测设备相比较,该设备能较好地监测电导率、pH 值和溶解氧等水质参数,实现多个监测单元动态组网,并通过无线将时空多元数据传输到远程监控平台,适宜于移动式水质快速监测。

6.2 进一步研究方向

(1) 基于无人机倾斜摄影技术的数字流域下垫面多元信息获取技术及原型系统研制。

倾斜摄影技术是国际测绘领域的一项前沿技术,它颠覆了以往航空影像只能从垂直角度拍摄的局限,通过在同一飞行平台上搭载多台传感器,同时从一个垂直、四个倾斜等五个不同的角度采集影像,构建了符合人眼视觉的真实直观世界,能够快速、真实地提取流域多元信息。作为无人机航空摄影技术的一大突破,无人机倾斜摄影技术已经逐步地从技术研发阶段走向实际应用阶段。充分利用无人机倾斜摄影技术,实现数字流域下垫面多元信息获取与快速处理,形成无人机倾斜摄影软硬件集成原型系统,提高下垫面信息获取效率,值得深入研究。

(2) 综合运用卫星遥感和地面实测数据的流域水文监测站网优化布局技术及验证研究。

虽然雨量测站和水文测站都属于水文站网的一部分,但其观测目标有着本质的区别:雨量测站偏重于研究降雨量在陆地大范围上的空间变异性规律,而水文测站偏重于研究径流、水位等要素在河道水系线状范围内的空间变异性规律。因此,综合运用卫星遥感和地面实测数据的流域雨量监测站网优化布局技术,并不能够直接照搬到流域水文监测站网优化布局中去。

在现有水文测站分布的条件下,如何将“面状”卫星遥感数据,转化到“线状”河流水系的监测中，形成综合运用卫星遥感和地面实测数据的流域水文监测站网优化布局技术，以实现利用卫星遥感数据提高地面实测数据有效性的目标，值得深入研究。

(3) 移动式水质多参数传感器智能监测传输原型系统改造升级。

建立归一化通讯协议的无线传感网络识别技术，各传感单元（流速测量仪、水质分析仪、仿生机器人、水站控制系统、上位平台）只需按照标准协议（如国家统一HJ/T 212—2005 协议）开发和使用后，远程监控系统可通过各器件通讯连接的物理信道，自动识别各传感监测单元的信息，包括设备制造商、设备类型、监测参数指标、监测数值等，实现即插即用的功能。

移动式水质多参数传感器监测传输原型系统集成的物联网传感器探头较少（目前只有电导率、pH 值和溶解氧三种），需要进一步集成盐度、浑浊度、叶绿素 a、蓝绿藻、铵/氨、硝酸根、氯离子等多种物联网传感器，值得进一步深入研究。

参考文献

夏军.2003.华北地区水循环与水资源安全:问题与挑战(一)[J].海河水利,21(3):1-3.

程学军.2011.长江流域整体数字模型若干关键技术研究[D].武汉:武汉大学.

陈桂香.2010.物物相联 感知世界[J].中国安防(6):102-107.

朱洪波.2011.物联网技术进展与应用[J].南京邮电大学学报(自然科学版),31(1):1-9.

彭鹏.2012.基于物联网的水环境在线监测系统研究[D].武汉:华中科技大学.

王亚唯.2010.物联网发展综述[J].科技信息(3):37,7.

李遵白,吴贵生.2011.基于技术路线图的物联网产业布局研究[J].企业经济(6):10-14.

吴宏旭.2004.广东省流量站网论证及布设研究[D].武汉:武汉大学.

刘丹.2014.水文基础工程设施建设管理中的几点思考[J].黑龙江水利科技(9):198-199.

水利部水文局站网处.2001.2000年全国水文情况年报统计概述[J].水文,21(4):63-65.

陈颖.2013.基于信息熵理论的水文站网评价优化研究[D].武汉:武汉理工大学.

陈植华,丁国平.2001.应用信息熵方法对区域地下水观测网的优化研究[J].地球科学(5):517-523.

周仰效,李文鹏.2007.区域地下水位监测网优化设计方法[J].水文地质工程地质,34(1):1-9.

宋儒.1997.应用Kriging方法研究格尔木河流域地下水位动态观测网的优化配置[J].中国煤田地质(4):41-44.

贾楠,罗周全,张旭芳,等.2012.地下水害防治水位动态监测孔网数值优化[J].中国安全科学学报(10):24-29.

郭占荣,刘志明,朱延华.1998.克立格法在地下水观测网优化设计中的应用[J].地球学报(4):94-98.

马小雪,杨军,毛媛媛,等.2015.平原河网区突发性水污染事件应急调水数值模拟分析[J].中国农村水利水电(04):47-50.

谢启顺.2014.水资源监测物联网平台的设计[D].哈尔滨:哈尔滨工业大学.

徐久强,柏大治,罗玎玎,等.2008.遗传算法在WSNs多Sink节点布局中的应用[J].东北大学学报(自然科学版)(6):815-818.

汪学清,杨永田,孙亭,等.2006.无线传感器网络中基于网格的覆盖问题研究[J].计算机科学(11):38-39.

李明,石为人.2010.异构无线传感器网络中基于模拟退火算法的成本最优部署机制[J].传感技术学报(6):855-858.

王晟,王雪,毕道伟.2008.无线传感器网络动态节点选择优化策略[J].计算机研究与发展,45(1):188-195.

付华,韩爽.2008.基于新量子遗传算法的无线传感器网络感知节点的分布优化[J].传感技术学报,21(7):1259-1263.

杨斌,郝杨杨,李军军.2014.面向监测应用的物联网节点布局方法研究[J].计算机工程与科学(07):1255-1261.

丁治明,高需.2012.面向物联网海量传感器采样数据管理的数据库集群系统框架[J].计算机学报,35(6):1175-1191.

王保云.2009.物联网技术研究综述[J].电子测量与仪器学报,23(12):1-7.

沈苏彬,范曲立,宗平,等.2009.物联网的体系结构与相关技术研究[J].南京邮电大学学报(自然科学版),29(6):1-11.

孙其博,刘杰,黎羴,等.2010.物联网:概念、架构与关键技术研究综述[J].北京邮电大学学报,33(3):1-9.

张白兰,杨向红,李家龙,等.2010.物联网综述:中国电子学会第十七届信息论学术年会论文集[C].西安:西安电子科技大学.

屈军锁,朱志祥.2010.可运营管理的通用物联网体系结构研究[J].西安邮电学院学报(6):68-72.

林祝亮.2009.基于粒子群算法的无线传感网络覆盖问题优化策略研究[D].杭州:浙江工业大学.

周利民,杨科华,周攀.2010.基于鱼群算法的无线传感网络覆盖优化策略[J].计算机应用研究,27(6):2276-2279.

石建军,李晓莉.2011.交通信息云计算及其应用研究[J].交通运输系统工程与信息,11(1):179-184.

黄冬梅,方的荀,张明华,等.2011.物联网技术在救灾物资配送管理系统中的应用[J].计算机应用研究,28(1):189-191.

苏逸. 2011. 物联网发展存在的问题及前景[J]. 才智(22):76－77.

凌晨. 2014. 基于物联网的信息安全传输系统的研究与应用[D]. 北京:北方工业大学.

胡永利,孙艳丰,尹宝才. 2012. 物联网信息感知与交互技术[J]. 计算机学报,35(6):1147－1163.

马晓云. 2013. 物联网业务网关接口子系统的设计与实现[D]. 北京:北京邮电大学.

Kristofer S. J. Pister, Lance Doherty. 2008. TSMP: TIME SYNCHRONIZED MESH PROTOCOL[C]. Orlando:Proceedings of the IASTED International Symposium Distributed Sensor Networks(DSN2008):391－398.

Xu Ning, Rangwala Sumit. 2004. A Wireless Sensor Network for Structural Monitoring[C]. Baltimore:Proceedings of the 2nd International Conference on Embedde:13－24.

Lu G Krishnamachari B, S. Raghavendra C. 2004. An Adaptive Energy-Efficient and Low-Latency MAC for Data Gathering in Sensor Networks[C]. Santa Fe:Proceedings of the 18th International Parallel and Distributed Processing Symposium:224－232.

Lilia Paradis, Qi Han. 2008. TIGRA: Timely Sensor Data Collection Using Distributed Graph Coloring[C]. HongKong: Proceedings of the 6th IEEE International Conference on Pervasive Computing and Communications:264－268.

肖同悦. 2013. 基于物联网技术的集装箱堆场装卸资源配置优化研究[D]. 大连:大连海事大学.

谢媛媛. 2012. 遥感技术在地籍调查与测量中的应用[J]. 数字技术与应用(1):150.

王星月. 2011. 遥感技术在铁路工程勘察中的应用[J]. 山西建筑(27):69－70.

丰勇. 2013. 3维数字城市建模技术及应用探讨[J]. 测绘与空间地理信息(3):72－74.

赵登忠,林初学,谭德宝,等. 2011. 清江流域水布垭水库二氧化碳大气廓线空间分布及其水环境效应[J]. 长江流域资源与环境,20(12):1495－1501.

汪朝辉,杜清运,赵登忠. 2012. 水布垭水库 CO_2 排放通量时空特征及其与环境因子的响应研究[J]. 水力发电学报(2):146－151.

赵登忠,程学军,汪朝辉,等. 2014. 清江流域典型发电水库甲烷源汇时空变化规律研究[J]. 水力发电学报(5):128－137.

赵登忠,谭德宝,汪朝辉,等. 2012. 水布垭水库水气界面二氧化碳交换规律研究[J]. 人民长江(8):65－70.

惠文华. 2006. 基于支持向量机的遥感图像分类方法[J]. 地球科学与环境学报(2): 93 - 95.

田庆久,闵祥军. 1998. 植被指数研究进展[J]. 地球科学进展,13(4):327-333.

李锦业,吴炳方,周月敏,等. 2009. 三峡库区植被生物量遥感估算方法研究[J]. 遥感技术与应用(6):784 - 787.

郭燕莎,王劲峰,殷秀兰. 2011. 地下水监测网优化方法研究综述[J]. 地理科学进展(9):1159 - 1166.

张立杰,刘琦,张焕智. 1999. 聚类分析方法及其在水文地质分析中的应用[J]. 长春科技大学学报(4):349 - 354.

梁康,杜利生. 2007. 基于主成分分析法的吉林省西部潜水水质分析[J]. 东北水利水电(10):55 - 57.

仵彦卿. 2000. 估计地下水流系统分布型确定性-随机性参数的耦合算法[J]. 西安理工大学学报(2):113 - 121.

陈植华,丁国平,胡成. 2000. 用于水资源系统观测网空间布局优化设计的技术方法[J]. 地质科技情报(4):83 - 88.

陈植华. 2002. 应用信息熵方法对地下水观测网的层次分类——以河北平原地下水观测网为例[J]. 水文地质工程地质(3):24 - 28.

W J Gutjahr. 2000. A Graph-based Ant System and its Convergence. [J]. Future Generation Computer Systems,8(16):873 - 888.

王戈,徐俊刚. 2009. 多层区域划分下蚁群算法研究[J]. 电子技术(10):78 - 79.

王劲峰,姜成晟,李连发. 2009. 空间抽样与统计推断[M]. 北京:科学出版社.

杨丽娟. 2011. 基于遗传模拟退火算法的中压配电线路节能改造研究[D]. 保定:华北电力大学.

周平. 2007. 集装箱装箱优化研究[J]. 港口科技(10):19 - 22.

李明. 2011. 异构传感器网络覆盖算法研究[D]. 重庆:重庆大学.

赵刚. 2008. FPGA 结构和布局布线算法研究[D]. 西安:西安电子科技大学.

刘玉英,史旺旺. 2009. 一种基于遗传算法的无线传感器网络节点优化方法[J]. 传感技术学报(6):869 - 872.

张石,鲍喜荣,陈剑,等. 2007. 无线传感器网络中移动节点的分布优化问题[J]. 东北大学学报(自然科学版)(4):489 - 492.

雷霖,李伟峰,王厚军. 2009. 基于遗传算法的无线传感器网络路径优化[J]. 电子科技大学学报,38(2):227 - 230.

吕广辉,崔逊学,侯战胜. 2010. 一种基于遗传算法的无线传感器网络覆盖模型[J]. 微型机与应用(15):59 - 62.

张军，詹志辉，龚月姣，等. 2009-06-17. 基于遗传算法的无线传感器网络节点覆盖优化方法：中国，CN 101459915[P].

王中华，温卫东. 2004. 基于模拟退火遗传算法的平面连续体结构的拓扑优化[J]. 航空动力学报(4)：495－498.

武运泊. 2015. 雅砻江卡拉地区滑坡发育规律与成因机制分析[D]. 成都：成都理工大学.

何理，钟茂华，蒋仲安. 2008. 雅砻江流域水电开发与利用过程风险管理探讨[J]. 中国安全生产科学技术(4)：77－80.

卓正昌. 2011. 大跨越——四川水电发展之路[J]. 四川水力发电(3)：161－168.

丁义，朱成涛，蹇德平. 2013. 雅砻江流域水文站网规划与建设[J]. 人民长江(S1)：1－2.

怀保娟，李忠勤，孙美平，等. 2014. 近 40a 来天山台兰河流域冰川资源变化分析[J]. 地理科学(02)：229－236.

胡道科. 2008. 涪江流域水文站网布设研究[J]. 四川水利，29(3)：45－48.

楼峰青. 2003. 浙江省水文事业发展规划编制探讨[J]. 浙江水利科技(2)：52－54.

龚向民，李昆，谭振江. 2007. 江西省小河水文站网布设原则研究[J]. 人民珠江(2)：48－50.

阴法章，关晓梅，何亚龙. 2007. 黑龙江省水文站网密度分析及站网调整方向[J]. 东北水利水电(7)：36－38.

闭启礼. 2010. 水文传感器网络部署优化研究[D]. 郑州：郑州大学.

张永鑫. 2008. 模糊聚类及其在交通事故黑点成因分析中的应用研究[D]. 镇江：江苏大学.

郭敬，刘建业. 2013. 泰森多边形在城市服务设施建设中的应用[J]. 世界有色金属(S1)：57－59.

解河海. 2006. TOPMODEL 的应用及参数不确定性研究[D]. 南京：河海大学.

李少华，刘远刚，王延忠. 2011. 泰森多边形在地质数据去丛聚中的应用[J]. 物探与化探(4)：562－564.

南岚. 2005. GIS 在平原河网水动力模型中的应用[D]. 南京：河海大学.

张云飞. 2011. 基于 ZigBee 技术的无线水文监测应用研究[D]. 包头：内蒙古科技大学.

曹磊. 2011. 基于无线网络的水资源远程监控系统设计与实现[D]. 保定：华北电力大学.

林少锋，何一. 2009. 基于 CC2420 的 ZigBee 无线网络节点设计[J]. 电子设计工程(3)：66－68.

孙韬. 2009. 基于 ZigBee 的温度/湿度无线传感器网络监控系统的设计与实现[D]. 长沙:国防科学技术大学.

郑云,冀文峰. 2010. 基于 MSP430F1611 的 ZigBee 超声波液位传感器的设计[J]. 自动化博览,27(12):100-102.

李莉. 2013. ZigBee 技术在无线水质监测系统中的组网研究[D]. 西安:西安建筑科技大学.

徐小涛,孙少兰,胡东华,等. 2009. ZigBee 协议的最新发展[J]. 电信快报(9):9-11.

李运鹏,徐昌彪. 2009. 基于无线传感器网络 MAC 层协议的研究[J]. 电信快报(4):23-26.

马丽芳. 2013. 基于北斗和 GPRS 车载终端的设计与研究[D]. 西安:西安科技大学.

周鹏. 2013. ZigBee/GPRS 技术在精准农业中的应用研究[D]. 成都:成都理工大学.

吴世振. 2013. 基于 WSN 和 GPRS 的剩余电流动作保护器远程监控系统的研究[D]. 杭州:浙江理工大学.

余琴. 2006. ARM 与 GPRS 技术在远程抄表终端中的应用研究[D]. 武汉:武汉工程大学.

吴林高. 2006. 基于 GSM 网络通信的电能计量系统终端的设计[D]. 哈尔滨:哈尔滨理工大学.

张洋洋,赵建平,徐娟娟. 2012. 基于物联网技术的水文监测系统研究[J]. 通信技术,45(4):108-111.

郭永平. 2012. 水资源信息监控系统的设计与实现[D]. 西安:西安电子科技大学.

刘丽钧,童丽丽. 2008. ZigBee 技术网络层的路由算法分析[J]. 计算机与信息技术(Z1):70-72.

李振,姚以鹏. 2013. 大型公共场馆智能室内定位导游系统的技术研究[J]. 广东科技,22(12):34-35,48.

崔茭. 2013. 基于 ARM 和 ZigBee 的物联网智能家居系统的设计[D]. 上海:东华大学.

高雪为,刘兆峰,陈萍,等. 2011. 基于 ZigBee 技术的热泵供热控制系统的研究[J]. 微计算机信息(7):69-71.

赵伟斌. 2007. 基于测试接收机的自动测试系统研制[D]. 重庆:重庆大学.

姜子晴. 2008. 单相光伏发电并网系统的研究[D]. 镇江:江苏大学.

童庆. 2009. 基于 SOA 的电子政务平台服务库注册中心研究与实现[D]. 北京:清

华大学.
朱瞳瞳. 2010. 基于 SOA 的企业信息化应用集成[D]. 成都:电子科技大学.
欧群雍. 2010. 基于 SOA 的教务管理系统的设计与实现[D]. 南京:南京理工大学.
谭洪恩. 2012. 基于 Web 服务组合的智能配电服务共享关键技术研究[D]. 武汉:武汉大学.
陈刚. 2009. 国家标准制修订管理信息系统设计与实现[D]. 上海:复旦大学.